Inhalt

Alle Uhrzeiten sind während der Gültigkeit der Sommerzeit in Mitteleuropäischer Sommerzeit (MESZ) angegeben.
Genaue Zeitangaben wie Auf- und Untergangszeiten beziehen sich auf den Standort 10° östl. Länge, 50° nördl. Breite.
Sollten in diesem Buch Begriffe auftauchen, die Sie nicht kennen, sehen Sie am besten im Glossar auf S. 92/93 nach.

HERMANN-MICHAEL HAHN

WAS TUT SICH AM HIMMEL — 2024 —

Einleitung

Die Sterne prägen unser Leben

Lange Zeit hindurch war die Beobachtung der Gestirne für unsere Vorfahren überlebenswichtig, konnte man doch (nur) mit ihrer Hilfe die richtigen Zeitpunkte für Aussaat und Ernte, aber auch für Erfolg versprechende Jagdausflüge ableiten; auch die Entstehung der frühen Hochkulturen mit ihren komplexen Organisations- und Verwaltungsstrukturen ist ohne das aus den Himmelsbeobachtungen abgeleitete Kalenderwesen kaum vorstellbar. *Was tut sich am Himmel* will helfen, diese grundlegende Kulturleistung durch eigene Beobachtungen nachzuvollziehen und so die kosmischen Bezüge unseres Lebens zu verstehen.

MOND, PLANETEN UND SONNE

Jeder Monat des Jahres wird auf sechs Seiten vorgestellt (s. Abb. auf der Umschlaginnenklappe). So zeigt das Kalendarium „Was sich am Himmel tut" (Seiten 1 und 2) zu Beginn dieser drei Doppelseiten die Mondphase samt Auf- und Untergangszeiten für jeden Tag. Es listet zudem interessante und auffällige Konstellationen beziehungsweise Ereignisse auf und führt die Sichtbarkeitsverhältnisse der Planeten grafisch vor Augen. Zwischen dem Datum links und der Mondphase rechts befindet sich im Kalendarium ein blauer Balken: Er entspricht der Dunkelphase zwischen Abenddämmerung (links) und Morgendämmerung (rechts), und die Positionen der einzelnen Symbole lassen die Sichtbarkeiten der Planeten erkennen. Ein Planet in der Mitte dieses Balkens ist die ganze Nacht über zu sehen und steht um Mitternacht im Süden, während ein Planet nahe dem linken Rand nur nach Sonnen-

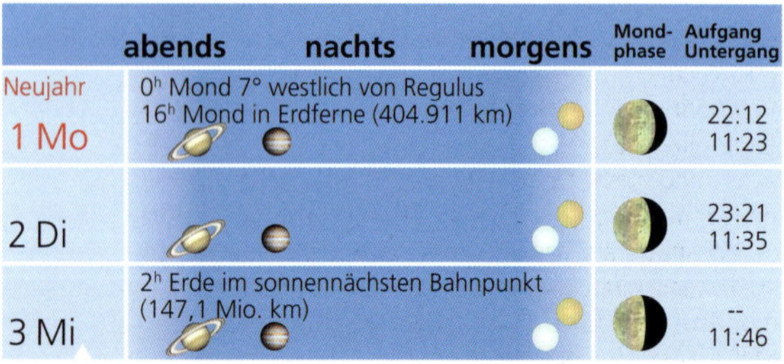

Der Kalender gibt Auskunft über den Mond, sichtbare Planeten und besondere Himmelsereignisse.

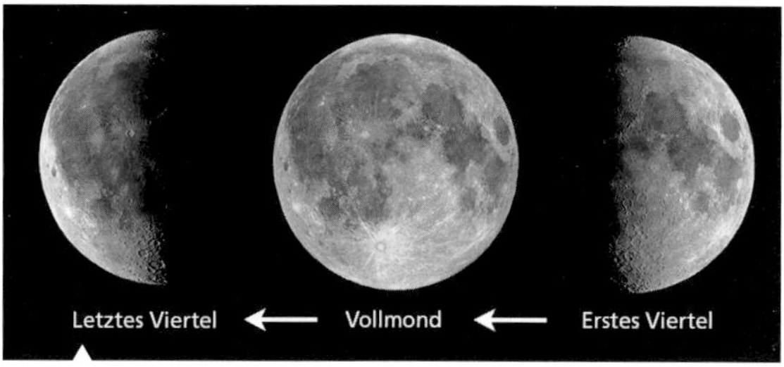

Verlauf der Mondphasen vom zunehmenden Mond (rechts) über Vollmond zum abnehmenden Mond.

untergang im Westen zu finden ist (und schon bald danach verschwindet). Ein Planet nahe dem rechten Rand taucht kurz vor Sonnenaufgang im Osten auf und ist schon wenig später in der Dämmerung verblasst. Wenn Sie die einzelnen Zeilen einfach wie Text von links nach rechts lesen, haben Sie automatisch die richtige zeitliche Abfolge: Was nur am Anfang der Dunkelheit im Westen zu finden ist, ist am Zeilenanfang dargestellt, was erst gegen Ende der Dunkelheit am Osthimmel auftaucht, steht am Ende der dunkelblauen Nachtzeile.
Die tagtägliche Veränderung im Aussehen des Mondes, seine Auf- und Untergangszeiten sowie die Mondphasen Neumond (NM), Erstes Viertel (EV), Vollmond (VM) und Letztes Viertel (LV) mit zugehöriger Zeitangabe, zu der die Phase eintritt, finden Sie im Ereigniskalender in der rechten Spalte. Der Mond taucht wenige Tage nach Neumond als schmale, zunehmende Sichel am westlichen Abendhimmel auf und steht dann jeden Abend rund anderthalb Handbreit (bei ausgestrecktem Arm gemessen) weiter links (östlich). Dabei wird er von Tag zu Tag runder und erreicht schließlich etwa zwei Wochen nach Neumond die Vollmondposition. Dann steht er der Sonne am Himmel gegenüber, steigt bei Sonnenuntergang über den Osthorizont und bleibt die ganze Nacht über zu sehen, ehe er bei Sonnenaufgang wieder untertaucht. Danach geht er immer später auf und nimmt gleichzeitig immer weiter ab, bis er schließlich ein paar Tage vor der nächsten Neumondstellung als schmale abnehmende Sichel ein letztes Mal am östlichen Morgenhimmel zu beobachten ist.
Über den Lauf der Sonne mit Auf- und Untergangszeiten sowie Angaben zum Anfang und Ende der Dämmerung,

Die Sternkarten zeigen den monatlichen Sternhimmel jeweils vom Ostpunkt (links) über den Süden (Mitte) bis hin zum Westpunkt am rechten Rand.

jeweils für den Monatsanfang und die Monatsmitte, informiert die zweite Doppelseite eines jeden Monats. Dabei vermittelt die wechselnde Höhe des Sonnen-Tagbogens zusammen mit den „wandernden" Fußpunkten dieses Bogens einen Eindruck von der Veränderung der Sonnensichtbarkeit im Rhythmus der Jahreszeiten. Auf dieser Doppelseite finden Sie auch eine kurze Beschreibung der Sonnen- und Planetenläufe sowie jeweils rechts einen Beobachtungstipp für ein besonderes Ereignis des Monats. Wenn Sie über Sonne, Mond und Planeten hinaus einmal gezielt Satelliten beobachten oder gar die Internationale Raumstation am Himmel vorbeiziehen sehen wollen, finden Sie entsprechende Angaben im Internet, da sich diese Sichtbarkeiten ständig ändern. Tippen Sie dazu *www.heavens-above.com* in die Adresszeile Ihres Internet--Browsers und geben Sie dann die geografischen Koordinaten Ihres Beobachtungsortes in die Abfragemaske ein.

DIE FIXSTERNE

Den Abschluss einer jeden Monatsdarstellung bildet eine Sternkarte samt erläuterndem Text, die den Anblick des aktuellen Abendhimmels aufzeigt und beschreibt. Die Sternkarten stellen jeweils den südlichen Teil des Himmels dar, in dem Mond, Sterne und Planeten – wie die Sonne – ihre größte Höhe erreichen und daher am besten zu beobachten sind. Sie reichen dabei vom Ostpunkt am linken Bildrand bis zum Westpunkt am rechten Rand. Nach oben hin zeigen sie ein Stück weit bis über den Zenit hinaus, der in jeder Karte durch ein weißes Kreuz markiert ist.

Der Zenit ist der Scheitelpunkt des Himmels, den man anvisiert, wenn man den Kopf ganz in den Nacken legt und auf den Punkt genau über dem eigenen Kopf blickt. Neben den eigentlichen „Fixsternen" zeigen die Karten auch die mit bloßem Auge sichtbaren Planeten, die zur Monatsmitte um die angegebene Uhrzeit in dieser Region des Himmels stehen.
Für jeden Monat gibt es eine eigene Sternkarte. Da die Erde im Laufe eines Jahres einmal die Sonne umrundet, blickt man zur jeweils gleichen Uhrzeit in jedem Monat in eine leicht andere Richtung des Himmels, auch wenn man stets Richtung Süden schaut. Es ist ähnlich wie beim Minutenzeiger einer Uhr, der im Laufe einer Stunde einmal über alle zwölf Stundenanzeigen hinwegstreift. In diesem Vergleich braucht man nur die zwölf Stunden der Uhr durch die zwölf Sternbilder des Tierkreises zu ersetzen,

WANN KÖNNEN SIE WELCHE MONATSSTERNKARTE BENUTZEN?

Uhrzeit Datum	**18**	**19**	**20**	**21**	**22**	**23**	**24**	**01**	**02**	**03**	**04**	**05**	**06**
01.01.	Nov		Dez		Jan		Feb		Mrz		Apr		
15.01.		Dez		Jan		Feb		Mrz		Apr			Mai
01.02.	Dez		Jan		Feb		Mrz		Apr			Mai	
15.02.	–	Jan		Feb		Mrz		Apr			Mai		Jun
01.03.	–		Feb		Mrz		Apr			Mai		Jun	–
15.03.	–	–		Mrz		Apr			Mai		Jun		–
01.04.	–	–	–	Mrz		Apr			Mai		Jun	Jul	–
15.04.	–	–	–	–				Mai		Jun		–	–
01.05.	–	–	–	–			Mai		Jun		Jul	–	–
15.05.	–	–	–	–	–	Mai		Jun		Jul	–	–	–
01.06.	–	–	–	–	–		Jun		Jul	Aug	–	–	–
15.06.	–	–	–	–	–	Jun		Jul	Aug		–	–	–
01.07.	–	–	–	–	–		Jul	Aug		Sep	–	–	–
15.07.	–	–	–	–	–	Jul	Aug		Sep		–	–	–
01.08.	–	–	–	–	–	Aug		Sep		Okt		–	–
15.08.	–	–	–	–	Aug		Sep		Okt		Nov	–	–
01.09.	–	–	–	–		Sep		Okt		Nov		Dez	–
15.09.	–	–	–	–	Sep		Okt		Nov		Dez		–
01.10.	–	–	–	Sep		Okt		Nov		Dez		Jan	
15.10.	–	–	Sep		Okt		Nov		Dez		Jan		Feb
01.11.	–		Okt		Nov		Dez		Jan		Feb		Mrz
15.11.		Okt		Nov		Dez		Jan		Feb		Mrz	
01.12.	Okt		Nov		Dez		Jan		Feb		Mrz		Apr
15.12.		Nov		Dez		Jan		Feb		Mrz		Apr	

Die Gültigkeit der Sommerzeit ist durch die unterlegte Fläche markiert.

Auch der Anblick des Nordhimmels mit den Zirkumpolarsternen variiert über das Jahr. Der Pfeil markiert den Zenit jeweils zur Monatsmitte gegen 23 Uhr.

schon wird deutlich, was gemeint ist: Die Sonne durchwandert auf ihrer Bahn, der sogenannten Ekliptik, jedes Jahr einmal alle Tierkreissternbilder (s. Seite Sonnenlauf). Dadurch driften die Sterne und Sternbilder auf den Karten Monat für Monat immer weiter nach rechts. Im Januar blicken wir am mittleren Abend (gegen 21 Uhr zur Monatsmitte) in eine andere Richtung als drei, sechs oder gar neun Monate später. Tatsächlich tauchen die meisten Sternbilder, die im Januar um diese Zeit im Süden stehen, im Herbst zur gleichen Zeit bereits am Osthimmel auf und sind im Frühjahr noch über dem Westhorizont zu finden. Diesem „Jahreskarussell", das wir auch verfolgen könnten, wenn die Erde sich nicht um ihre eigene Achse drehen würde, ist noch das „Tageskarussell" der Erdrotation überlagert. Für Einsteiger ist dies häufig verwirrend. Wer den Anblick des Himmels aber auch mal zu anderen Beobachtungszeiten als dem mittleren Abend mit einem

Kartenbild vergleichen möchte, kann dazu gemäß der Tabelle auf Seite 7 eine passende andere Monatskarte benutzen. Die einzelnen Monatssternkarten zeigen den Anblick des Himmels nämlich auch in anderen als dem jeweils angegebenen Monat, dann aber zu einer anderen Uhrzeit. Die angezeigten Planetenpositionen gelten jedoch nur jeweils zur Mitte des angegebenen Monats! Neben den Sternbildern, die jede Nacht und im Laufe des Jahres auf und untergehen, gibt es auch solche, die in unseren Breiten nie untergehen: Dies sind die sogenannten Zirkumpolarsternbilder (s. Abb. links), die sich in einem Kreis um den Polarstern am Nordhimmel befinden. Neben dem Großen und Kleinen Bären (oder Wagen) zählt dazu z. B. auch die Kassiopeia, deren fünf hellere Sterne sich zur Zickzacklinie des Buchstabens W verbinden lassen und die deswegen oft auch als „Himmels-W" bezeichnet wird.

Tipps für die Himmelsbeobachtung

Bevor wir uns den Höhepunkten und danach den einzelnen Monaten des Jahres zuwenden, erhalten Sie hier noch einige hilfreiche Tipps und Anregungen für eine erfolgreiche Beobachtung des himmlischen Geschehens. Sehr empfehlenswert ist grundsätzlich übrigens auch der Besuch einer Volkssternwarte. Dort kann man durch ein großes Teleskop beispielsweise die Krater auf dem Mond, die Ringe des Saturn oder einen glitzernden Sternhaufen betrachten. Die Mitglieder vieler Sternwarten bieten Führungen an, in denen sie ihr Wissen und ihre Teleskope einsetzen, um möglichst vielen Mitmenschen die Schönheiten der Natur jenseits der irdischen Atmosphäre zu zeigen und ggf. mit Tipps für die eigene Beobachtung zur Seite zu stehen.

WO IST SÜDEN?

Da die Sternkarten in diesem Buch vor allem die Sterne in Richtung Süden zeigen, sollten Sie sich vor Ihrer ersten Himmelsbeobachtung zunächst über die Lage der Himmelsrichtungen klar werden. Mit Hilfe der Sterne geht das auch ohne Kompass oder GPS. Man muss nur die bekannte Figur des Großen Wagens finden, die aus sieben etwa gleich hellen Sternen besteht. Zum Glück steht der Große Wagen bei uns immer am Himmel, in jeder Nacht und zu jeder Jahreszeit. Aber er ist nicht immer an der gleichen Stelle zu finden: So steht er am 1. Oktober gegen 22 Uhr wie ein richtiger Bollerwagen tief über dem Horizont. Am 1. Januar balanciert er dagegen zur gleichen Zeit halbhoch am Himmel, gleichsam auf der Spitze der Deichsel. Am 1. April findet man ihn gegen 23 Uhr Sommerzeit fast im Zenit, also im Scheitelpunkt des Himmels, und am 1. Juli hängt der Wagen scheinbar an der Deichselspitze halbhoch vom Himmel herab (vgl. Abbildung unten). Wenn man den Himmelswagen gefunden hat, braucht man nur noch die beiden hinteren Kastensterne zu identifizieren und diese dann in Gedanken miteinander zu verbinden. Verlängert man die so gewonnene Linie „nach oben" (bezogen auf die Straße, auf der der gedachte Wagen rollt), so trifft man in einigem Abstand auf einen achten, ähnlich hellen Stern. Dies ist der Polarstern, der ziemlich genau am Nordpol des Himmels steht. Wenn wir in seine Richtung schauen, so blicken wir „nach Norden".

Der Polarstern ist zwar nicht der hellste Stern am nördlichen Himmel, wohl aber der hellste Stern im Sternbild Kleiner Bär, das mitunter auch als Kleiner Wagen bezeichnet wird. Um ihn dreht sich jede Nacht das gesamte „Himmelszelt", er ist damit der einzige Stern am Himmel, dessen Position im Laufe einer Nacht und im Laufe eines Jahres immer gleich ist. Daher lässt er sich als einziger Stern auch mit Hilfe irdischer Objekte wie zum Beispiel einem Kirchturm oder einem Haus aufsuchen. In unseren Breiten steht er etwa halbhoch am Himmel.

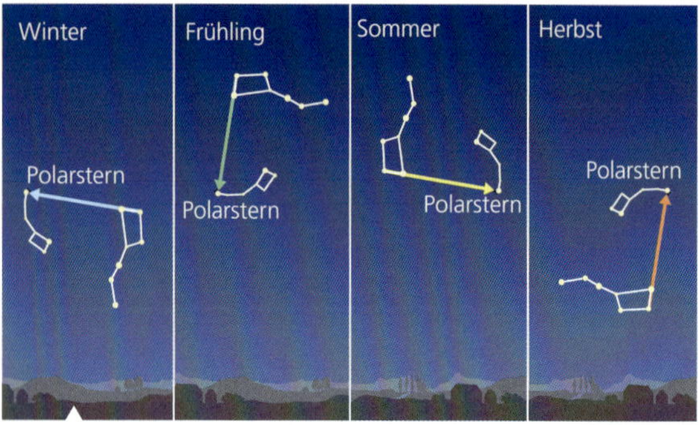

Vom Großen Wagen zum Polarstern.

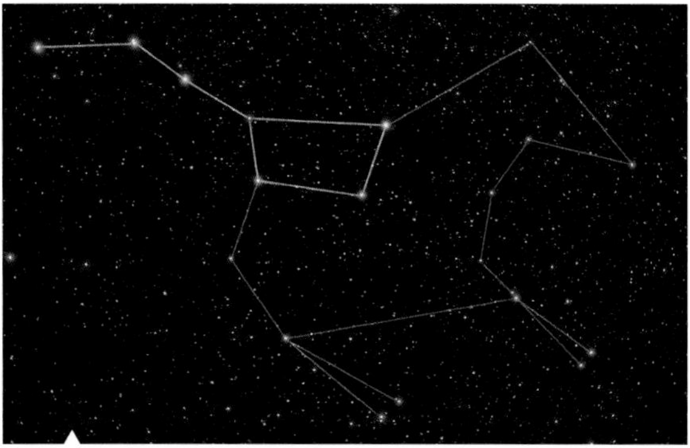

Der Große Wagen ist ein Teil des Sternbildes Großer Bär.

Der Große Wagen ist übrigens in Wahrheit kein eigenes Sternbild, er ist Teil eines viel größeren Sternbildes, des Großen Bären (s. Abb. oben). Mit der Nordrichtung sind dann auch die übrigen Himmelsrichtungen festgelegt. Wenn Sie dem Polarstern den Rücken zukehren, blicken Sie nach Süden und haben linker Hand Osten, rechter Hand dagegen Westen.

EIN GEEIGNETER BEOBACHTUNGSPLATZ

Wer den nächtlichen Himmel möglichst „ungestört" beobachten möchte, muss in der Regel relativ weite Wege zurücklegen. Zahllose Lampen zur Beleuchtung öffentlicher Straßen oder privater Gärten sind nämlich leider so gestaltet, dass sie einen Großteil des Lichtes nicht nach unten leiten, sondern seitlich oder gar himmelwärts entweichen lassen. Dieses Licht stört die Beobachtung des Sternhimmels sehr, zumal es zusätzlich an Staub- und Dunstpartikeln gestreut wird. In Städten und Orten sind deswegen nur noch die hellsten Sterne erkennbar. Daher sollte der Himmel an Ihrem Beobachtungsort nicht zu sehr von irdischen Störlichtern aufgehellt werden. Wo der Himmel in unserem Land wirklich noch dunkel ist, kann man zum Beispiel im Internet unter folgender Adresse erfahren: *www.lichtverschmutzung.de*. Der Standort sollte außerdem eine möglichst freie Rundumsicht gewähren, vor allem nach Süden. Ein freier Blick bis herunter zum Horizont ist schön, aber nur bei der Suche nach dem sonnennächsten Planeten Merkur wirklich erforderlich – alle

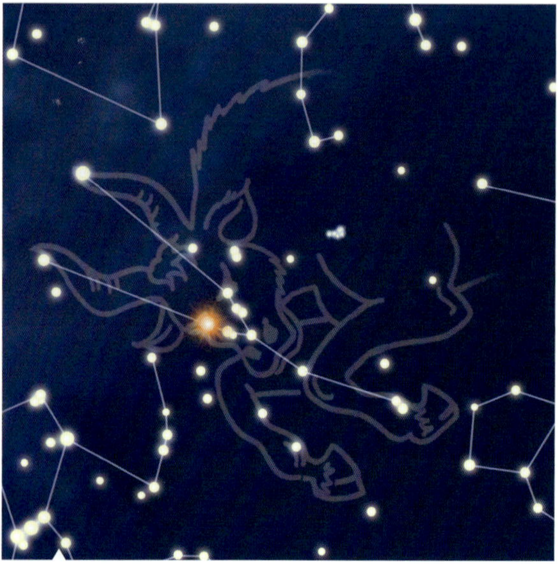

Die Sterne im Sternbild Stier zeichnen Kopf und Hörner nach und der rote Aldebaran sowie die Sternhaufen der Hyaden und Plejaden helfen beim Auffinden.

übrigen Beobachtungsobjekte schaut man sich besser an, wenn sie höher am Himmel stehen. Je höher sie über dem Horizont stehen, desto weniger wird ihr Licht durch die irdische Atmosphäre geschwächt oder beeinflusst.

AUSRÜSTUNG FÜR DIE BEOBACHTUNG

Wer es bequem haben möchte, nimmt sich einen Stuhl mit, etwa einen Campingstuhl mit Armlehnen. Auf diese Weise kann man sich einfacher Notizen machen oder die Arme aufstützen, wenn man den Himmel mit einem Fernglas beobachtet. Ein Beobachtungsbuch, in das eingetragen wird, was wann, wo und wie beobachtet wurde, ist auf jeden Fall nützlich. Mit seiner Hilfe kann man später eigene Beobachtungen rekonstruieren und vergleichen. Dazu braucht man natürlich auch eine geeignete Beleuchtung, die die Augen nicht blendet und ihre Anpassung an die dunkle Umgebung schont.
Hilfreich ist hierfür eine Lampe (Taschenlampe, Stirnlampe), deren Frontlinse mit roter Folie überklebt oder mit

einem Rotfilter versehen wird, da unsere Augen für rotes Licht nicht so sehr empfindlich sind. Lassen Sie Ihren Augen hinreichend Zeit, sich an die Dunkelheit zu gewöhnen, um auch weniger helle Sterne zu erfassen. Das kann bis zu einer halben Stunde dauern.
Wer sich auf eine längere Beobachtungszeit einstellt, sollte sich hinreichend warm anziehen – in klaren Nächten kühlt die Luft deutlich stärker ab als unter einer Wolkendecke! Darüber hinaus kann ein (warmes) Getränk sowie eine Kleinigkeit zu essen nicht schaden, um sich auch von innen her aufzuwärmen beziehungsweise wach zu halten.
Wer regelmäßig den Himmel beobachtet, wird bald auch die einzelnen Sternbilder identifizieren wollen. Großer Wagen, Orion, Löwe, Schwan und Kassiopeia sind recht einprägsam, aber viele andere Figuren sind vielleicht doch nicht so leicht zu finden. Auch hierfür gibt es natürlich über dieses Buch hinaus weitere Hilfsmittel wie zum Beispiel das Büchlein *Basic Sternbilder* (s. Literaturverzeichnis S. 94), das die einzelnen Figuren im Detail vorstellt und beschreibt. Abgesehen davon gilt auch hier die alte Weisheit, dass vor allem Übung den Meister macht…

MIT EINEM FERNGLAS BEOBACHTEN

Als erstes Beobachtungsinstrument empfiehlt sich der Einsatz eines in vielen Haushalten ohnehin vorhandenen Fernglases. Heutige Ferngläser haben sogar häufig eine bessere Qualität als die ersten Teleskope, mit denen die

Himmelsbeobachterin mit Fernglas.

Beobachter vor rund 400 Jahren ihre revolutionären Entdeckungen gemacht haben. Der Objektivdurchmesser sollte allerdings möglichst 40 Millimeter oder größer sein, wenn man wirklich mehr als mit bloßem Auge sehen möchte. Man findet diesen Wert als zweite Zahl bei der typischen Charakterisierung eines Fernglases: Ein 6 × 42-Fernglas beispielsweise hat bei einer sechsfachen Vergrößerung einen Objektivdurchmesser von 42 Millimetern, und ein 10 × 50-Glas vergrößert zehnfach bei einem Objektivdurchmesser von 50 Millimetern. Teilt man die zweite Zahl durch die erste, so sagt das Ergebnis etwas über die Lichtstärke des Instruments aus. Dieser Wert liegt meist zwischen drei und sieben und ist umso besser, je näher er bei sechs liegt (für jüngere Sternfreunde darf er auch bei sieben liegen).
Auf jeden Fall sollte man ein Fernglas abstützen, denn schon das leiseste Zittern der Hände wird gnadenlos mitvergrößert, und bei einem Blick weit nach oben lässt sich ein Zittern kaum vermeiden – vor allem dann, wenn man den Körper zurücklehnen muss. Dazu gibt es Adapter, mit denen man ein Fernglas auf ein (stabiles) Stativ schrauben und auf ein Himmelsobjekt ausrichten kann. So kann man nicht nur selbst in Ruhe ein Objekt anschauen, sondern auch einem Begleiter das gewünschte Objekt zeigen.

ERSTE ASTROFOTOS

Mitunter möchte man eine bestimmte Konstellation auch fotografisch dokumentieren. Mit einer Digitalkamera geht das ziemlich problemlos, wenn man entweder die Empfindlichkeit des Apparates oder die Belichtungszeit ändern und von Hand einstellen kann. Bei Belichtungszeiten unterhalb von fünf bis zehn Sekunden bleiben die Sterne trotz der Drehung der Erde noch weitgehend punktförmig – zumindest dann, wenn man mit einer Normaloptik oder einem leichten Teleobjektiv fotografiert. Mit Empfindlichkeitswerten um 400 ISO kann man bei den genannten Belichtungszeiten alle Sterne festhalten, die mit dem bloßen Auge zu erkennen sind, und so etwa die Begegnung des Mondes mit einem Planeten oder einem helleren Fixstern für die Nachwelt aufzeichnen. Was es sonst noch am Nachthimmel und auch am Taghimmel Spannendes zu sehen und zu fotografieren gibt, dazu bietet z. B. das Buch *Astrofotografie ganz einfach* zahlreiche Anregungen und Tipps (siehe Seite 94).

Man wird ja bescheiden

Auch für das Jahr 2024 verspricht uns der Himmelskalender auf den ersten Blick kaum besondere Höhepunkte: Zwar stehen insgesamt je zwei Sonnen- und Mondfinsternisse auf dem Programm, doch kann davon nur eine – eine bescheidene partielle Mondfinsternis am 18.9. – bei uns verfolgt werden, falls das Wetter keinen Strich durch die Rechnung macht; bei der anderen Mondfinsternis am 25.3. zieht der Vollmond für Beobachter in Nord- und Südamerika aber ohnehin nur durch den Halbschatten der Erde, sodass wir dabei nicht viel verpassen. Bei der totalen Sonnenfinsternis am 8.4. zieht der Kernschatten des Mondes über den Norden Mexikos und nordostwärts diagonal über die USA hinweg, während die ringförmige Sonnenfinsternis am 2.10. hauptsächlich die Wasserwüste des Südpazifiks durchquert und lediglich kurz vor Sonnenuntergang den Süden Südamerikas erreicht. Bei uns bedeckt der Mond dagegen „nur" den Planeten Saturn – und überrascht darüber hinaus wegen der Großen Mondwende mit extremen Vollmond-Positionen.

Nur noch 38 Bogenminuten trennen den Himmelsnordpol vom Polarstern nahe der Bildmitte – 2100 werden es noch 10,5 Bogenminuten weniger sein.

Noch am auffälligsten unter den „Highlights 2024" dürfte die Saturnbedeckung durch den Mond am Morgen des 21.8. sein.

Mond vor Saturn

Am Morgen des 21. August, rund zwei Wochen vor seiner Opposition, wird der Ringplanet Saturn für gut eine Stunde vom Mond bedeckt. Der Erdtrabant, der knapp anderthalb Tage zuvor die Vollmondstellung passierte, schiebt sich für einen Beobachter auf 10° östlicher Länge und 50 Grad nördlicher Breite gegen 5:32 Uhr MESZ mit dem hellen Rand voraus vor den Ringplaneten. Dabei dauert es etwa 45 Sekunden, bis der gesamte Planet einschließlich der Ringe hinter dem Mondrand verschwunden ist. Eine knappe Stunde später, kurz nach 6:30 Uhr MESZ, taucht Saturn am rechten, dunklen Mondrand wieder auf und diesmal vergehen sogar 70 Sekunden, bis der Ringplanet wieder vollständig, also einschließlich seiner Ringe, zu sehen ist. Sowohl die Eintrittsphase als auch das Wiedererscheinen des Planeten lassen sich nur mit einem Fernglas oder einem Teleskop verfolgen, weil der helle „Fast-noch-Vollmond" den Saturn für das bloße Auge gnadenlos überstrahlt. Zudem ist die Sonne zum Ende der Bedeckung bereits aufgegangen, sodass der Saturn dann auch ohne benachbarten Mond mit bloßem Auge nicht mehr zu erkennen wäre.

Partielle Mondfinsternis am 18.9.

Wer die partielle Mondfinsternis am 18.9. beobachten will, muss früh aufstehen, denn der „1. Kontakt" (Beginn der partiellen Phase) findet bereits gegen 4:13 Uhr MESZ statt; zu diesem Zeitpunkt ist der Vollmond schon mehr als 1,5 Stunden durch den Halbschatten der Erde gewandert. Bereits um 4:44 Uhr MESZ wird der größte Verfinsterungsgrad erreicht, bei dem knapp 8,5 Prozent des scheinbaren Monddurchmessers im Kernschatten der Erde verschwunden sind. Gegen 5:16 Uhr MESZ endet die partielle Finsternis, und wegen der dann langsam einsetzenden Dämmerung und der weiter abnehmenden Höhe des Vollmondes über dem Horizont ist vom anschließenden zweiten Teil der Halbschattenfinsternis nicht mehr

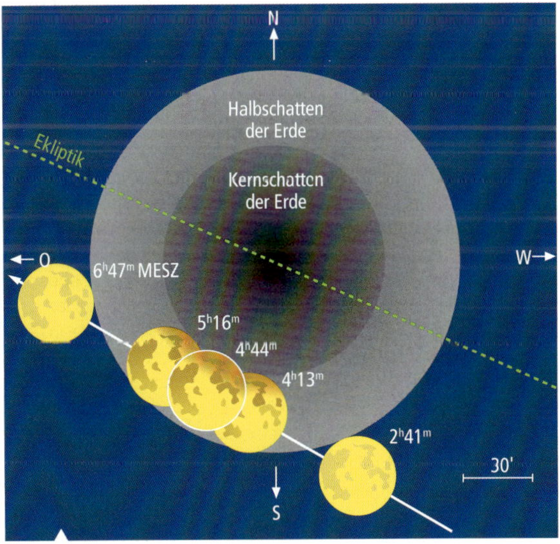

Zur partiellen Finsternis am 18.9. taucht der Mond zwar vollständig in den Halbschatten der Erde ein, streift den Kernschatten aber nur wenig.

viel zu erkennen. Eine nächste Gelegenheit ergibt sich im März 2025, wenn der Ostervollmond bei uns partiell verfinstert untergeht. Am 7. September 2025 geht der Vollmond total verfinstert auf (wie zuletzt am 27.7.2018) und lässt uns am weiteren Verlauf der totalen Mondfinsternis teilhaben, doch bis zur nächsten vollständig sichtbaren „ToMoFi" müssen wir noch bis zum 20.12.29 warten, wenn der Erdtrabant gegen Mitternacht für eine knappe Stunde durch den Kernschatten der Erde wandert.

Extreme Vollmond-Positionen

Während der Dezembervollmond 2029 eine Kulminationshöhe von 62,6 Grad erreicht, zieht der Dezember-(Fast-)Vollmond in **diesem** Jahr (in der Nacht zum 15.12.24 und damit knapp elf Stunden vor der Vollmondstellung) gut 4,5 Grad höher über die Nord-Süd-Linie; in der darauf folgenden Nacht steigt er sogar noch einmal um anderthalb Vollmonddurchmesser oder 0,75 Grad höher, doch sind dann seit der Vollmondstellung schon fast 15 Stunden vergangen. In beiden Nächten steht der Beinahe-Vollmond auf jeden Fall deutlich höher am Südhimmel als die Sonne zur Sommersonnenwende (63,45° auf 50° nördlicher Breite). Entsprechendes gilt in umgekehrter Weise für den Sommervollmond, der in diesem Jahr in der Nacht zum 22.6. besonders tief über den Horizont wandert (siehe Seite 53).

Ursache für diese Extremstellungen von Sommer- und Wintervollmond ist die Neigung der Mondbahn von etwa 5,15 Grad relativ zur Bahnebene der Erde, die (annähernd) mit der Ekliptik zusammenfällt. Dabei ist die räumliche Lage der Mondbahn relativ zur Ekliptik nicht konstant, sondern „eiert" innerhalb von 18,61 Jahren einmal die ganze Ekliptik entlang – ähnlich wie ein ausrollender Autoreifen oder eine sich schnell drehende Münze in der letzten Phase des Umkippens auf dem Boden eiert. Je nach Lage der beiden als Bahnknoten bezeichneten Schnittpunkte zwischen Mond- und Erdbahn können die maximalen Auslenkungen der Mondbahn die jeweilige Kulminationshöhe des Erdtrabanten größer oder kleiner ausfallen lassen.

Fällt zum Beispiel – wie in diesem Jahr – der aufsteigende Knoten der Mondbahn mit dem Frühlingspunkt der Sonne zusammen, dann addiert sich die maximale Auslenkung des Dezember-Vollmondes zur größten Deklina-

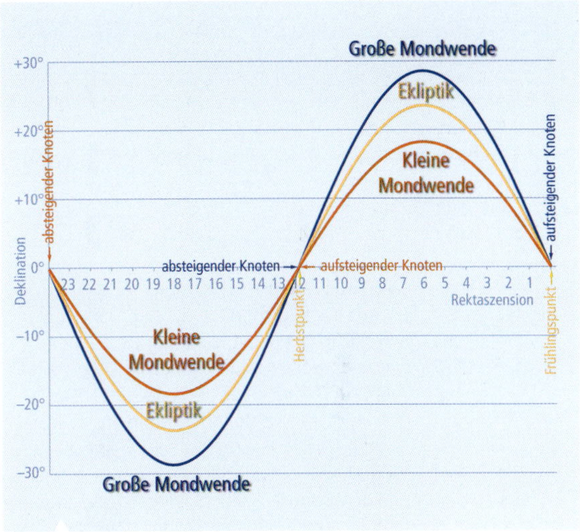

Die Neigung der Mondbahn relativ zur Ekliptik und deren räumliche Drehung führen zu wechselnden Extremstellungen des Vollmondes.

tion der Ekliptik und dieser kann so (auf 50° nördlicher Breite) eine Kulminationshöhe von maximal 68,6° erreichen. Auf der anderen Seite der Ekliptik liegt der absteigende Mondknoten dann beim Herbstpunkt der Sonne und der Junivollmond zieht besonders tief über den Horizont; man spricht in diesem Zusammenhang auch von der Großen Mondwende. Gut neun Jahre später sind die Verhältnisse umgekehrt: Dann liegt der aufsteigende Bahnknoten beim Herbstpunkt der Sonne und der Junivollmond steigt in einem deutlich höheren Bogen über den Horizont, während der absteigende Bahnknoten beim Frühlingspunkt zu einer niedrigen Kulmination des Dezembervollmondes führt; dies entspricht dann der Kleinen Mondwende.

Kurz vor der Fertigstellung dieses Büchleins wurde noch der Komet C/2023 A3 entdeckt, der im Herbst 2024 zu einer auffälligen Erscheinung werden könnte – mehr Informationen finden Sie zu gegebener Zeit unter www.kosmos-himmelsjahr.de.

Was sich am Himmel tut

	abends – nachts – morgens	Mondphase	Aufgang / Untergang
Neujahr 1 Mo	0h Mond 7° westlich von Regulus 16h Mond in Erdferne (404.911 km)		22:12 11:23
2 Di			23:21 11:35
3 Mi	2h Erde im sonnennächsten Bahnpunkt (147,1 Mio. km)		-- 11:46
4 Do	Quadrantiden-Meteorstrom im Maximum 20h Mond im absteigenden Knoten	LV	04:30 00:28 11:58
5 Fr	Venus wechselt ins Sternbild Schlangenträger 3h Mond 2° östlich von Spica		01:38 12:11
Dreikönige 6 Sa			02:51 12:26
7 So			04:08 12:47
8 Mo	7h Mond 5° westlich von Antares		05:28 13:15
9 Di			06:47 13:57
10 Mi			07:57 14:55
11 Do		NM	12:57 08:53 16:12
12 Fr	Merkur in gr. westl. Elongation (23,5°)		09:33 17:41
13 Sa	12h Mond in Erdnähe (362.264 km)		10:01 19:13
14 So	18h Mond 4° östlich von Saturn		10:22 20:42
15 Mo			10:39 22:08

Merkur Venus Mars Jupiter Saturn Mond

	abends / nachts / morgens	Mond-phase	Aufgang Untergang
16 Di			10:53 23:32
17 Mi	15h Mond im aufsteigenden Knoten		11:08 --
18 Do	20h Mond 2° nördlich von Jupiter	EV 04:53	11:24 00:54
19 Fr			11:42 02:16
20 Sa	Venus wechselt ins Sternbild Schütze 18h Mond 2° östlich von Alcyone		12:04 03:38
21 So			12:35 04:56
22 Mo			13:16 06:09
23 Di			14.10 07:10
24 Mi	19h Mond 2° südlich von Pollux		15:14 07:56
25 Do		VM 18:54	16:25 08:30
26 Fr			17:38 08:56
27 Sa	20h Mond 3° nördlich von Regulus		18:50 09:14
28 So			20:00 09:29
29 Mo	9h Mond in Erdferne (405.781 km)		21:08 09:42
30 Di			22:15 09:53
31 Mi	21h Mond im absteigenden Knoten		23:24 10:04

Sonne und Planeten

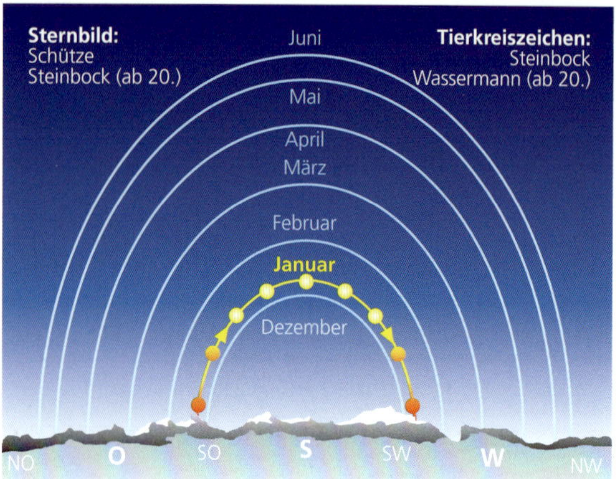

Dämmerung Anfang	Sonne Aufgang		Sonne Untergang	Dämmerung Ende
6:59	8:18	1.1.	16:28	17:48
6:55	8:12	16.1.	16:48	18:05

Die **SONNE** wandert durch das Sternbild Schütze und erreicht am 20.1. den Steinbock; am gleichen Tag wechselt sie in das Tierkreiszeichen Wassermann. Die Mittagshöhe nimmt von 17° auf 23° zu, die Länge des lichten Tages von 8:10 Stunden auf 9:16 Stunden.

MERKUR kann anfangs am Morgenhimmel erspäht werden und erreicht am 12.1. eine größte westliche Elongation, verschwindet aber bald darauf im Glanz der Sonne.

VENUS rückt am Morgenhimmel langsam näher an die Sonne heran und geht zuletzt noch 100 Minuten vor ihr auf.

MARS bleibt am Morgenhimmel langsam hinter der Sonne zurück, kann sich aber noch nicht aus ihrem Glanz lösen.

JUPITER hat seine Oppositionsschleife beendet und bewegt sich nun wieder langsam ostwärts durch den Widder.

SATURN wird am Abendhimmel ganz langsam von der Sonne eingeholt und geht zuletzt noch gut 2 Stunden nach ihr unter.

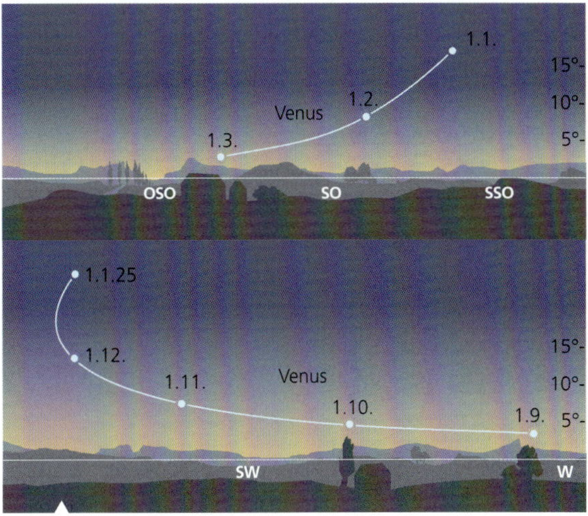

Positionen der Venus am Morgenhimmel (oben) bzw. Abendhimmel (unten) jeweils bei einer Sonnentiefe von 4,5° unter dem Horizont.

KEIN GUTES VENUSJAHR

In diesem Jahr macht sich die Venus wieder einmal ziemlich rar: Der abwechselnd als „Morgen-" oder „Abendstern" sichtbare innere Nachbarplanet der Erde zieht seine Bahn vorwiegend jenseits der Sonne und ist damit zu Beginn des Jahres noch am Morgenhimmel zu finden, verschwindet dann für etliche Monate im Sonnenglanz und taucht erst im letzten Quartal wieder am Abendhimmel auf. Weil die Ekliptik am Morgenhimmel in den ersten Monaten des Jahres und in der zweiten Jahreshälfte am Abendhimmel ziemlich flach zum Horizont verläuft, reichen selbst größere Winkelabstände zur Sonne nicht für gute Beobachtungsbedingungen.

UNGÜNSTIGER KONJUNKTIONSTERMIN

Schuld daran ist der Konjunktionstermin Anfang Juni (4.6.), unweit der Jahresmitte. Dabei steht die Venus fast auf der Ekliptik, sodass sie (für uns leider unsichtbar) für rund 45 Stunden von der Sonne bedeckt wird. Ganz anders war die Situation 2020, als die Venus am 3.6. in unterer Konjunktion (also zwischen Sonne und Erde) stand und dabei vom Abend- an den Morgenhimmel wechselte: Damals strahlte sie in den ersten fünf Monaten am Abendhimmel und tauchte schon Ende Juni wieder am Morgenhimmel auf.

Was sich am Himmel tut

DER STERNHIMMEL IM JANUAR

Hoch am Südhimmel überschreitet der Stier mit dem rötlichen Aldebaran und dem Siebengestirn rechts darüber zur gewohnten Beobachtungszeit (etwa 21 Uhr zur Monatsmitte, am Monatsanfang eine Stunde später) den Meridian, der den Himmel in eine westliche und eine östliche Hälfte teilt. Er führt die Prozession der Wintersternbilder an, die mit vielen Glanzlichtern bereits am Osthimmel aufgezogen ist.

HYADEN UND PLEJADEN

Aldebaran markiert gleichsam das rötliche Auge des Himmelsstieres, dessen Kopf durch die v-förmige Gruppe der Hyadensterne umrissen wird. Diese bilden einen regelrechten Sternhaufen in rund 150 Lichtjahren Distanz. Aldebaran steht nur zufällig in der gleichen Blickrichtung, ist mit knapp 67 Lichtjahren aber deutlich näher und daher kein Hyaden-Mitglied. Rund 14 Grad rechts oberhalb von Aldebaran trifft der Blick auf einen weiteren Sternhaufen: die Plejaden, das „Siebengestirn“ in rund 450 Lichtjahren Entfernung, das in vielen frühen Kulturen eine wichtige Rolle für kulturelle, jagdliche und kalendarische Rituale spielte. Ähnlich weit links oberhalb leuchtet Elnath an der Spitze eines der beiden Stierhörner in 130 Lj Abstand.

DAS AUGE DER MEDUSA

Oberhalb vom Stier erkennt man links das unregelmäßige Fünfeck des Fuhrmanns mit der hellen Kapella und rechts davon eine etwas verbogen erscheinende Wünschelrute als Skelett-Linie des Perseus. Er hat als eines der letzten Herbststernbilder den Meridian überquert und mit dem Abstieg am nordwestlichen Himmel begonnen; darin folgt er den vorausziehenden Figuren der Kassiopeia und ihrer Tochter Andromeda. Im rechten „Griff“ der Wünschelrute scheint der Stern Algol regelmäßig zu blinzeln, denn alle 68 Stunden geht seine Helligkeit vorübergehend um mehr als eine Größenklasse zurück.

ORION UND DER GROSSE HUND

Links unterhalb vom Stier strebt der mächtige Himmelsjäger Orion mit der rötlichen Beteigeuze oben links und dem weißlichen Rigel unten rechts der Nord-Süd-Linie entgegen. Dazwischen markieren drei helle Sterne annähernd auf einer geraden Linie den Gürtel des Orion, wobei der Stern oben rechts, Mintaka genannt, nur wenig südlich des Himmelsäquators liegt. Folgt man den drei Gürtelsternen nach links unten, so trifft der Blick auf Sirius, Hauptstern im Großen Hund und der am irdischen Himmel hellste Stern.

Was sich am Himmel tut

	abends / nachts / morgens	Mondphase	Aufgang Untergang
1 Do	1h Mond 2° nordwestl. von Spica		-- 10:16
2 Fr	Merkur im sonnenfernsten Bahnpunkt (69,8 Mio. km)		00:34 10:30
3 Sa		LV	00:18 01:48 10:47
4 So			03:05 11:11
5 Mo	6h Mond 3° östlich von Antares		04:22 11:45
6 Di			05:36 12:33
7 Mi			06:38 13:41
8 Do			07:26 15:05
9 Fr		NM	23:59 07:59 16:37
10 Sa	20h Mond in Erdnähe (358.088 km)		08:23 18:10
11 So			08:42 19:42
Rosenmontag 12 Mo	Späteste Mittagsstellung der Sonne (12h34m)		08:58 21:10
Fastnacht 13 Di	Mars wechselt ins Sternbild Steinbock 18h Mond im aufsteigenden Knoten		09:13 22:35
Ascher-mittwoch 14 Mi	23h Mond 6° westlich von Jupiter		09:29 --
15 Do	18h Mond 6° nordöstl. von Jupiter		09:46 00:01

Merkur Venus Mars Jupiter Saturn Mond

	abends	nachts	morgens	Mondphase	Aufgang Untergang
16 Fr	Venus wechselt ins Sternbild Steinbock 22h Mond 1° südlich von Alcyone			EV	16:01 10:07 01:25
17 Sa					10:35 02:46
18 So					11:13 04:02
19 Mo					12:03 05:06
20 Di					13:05 05:57
21 Mi	2h Mond 2° südlich von Pollux				14:14 06:34
22 Do					15:26 07:01
23 Fr					16:38 07:21
24 Sa	4h Mond 2° nördlich von Regulus, kleinster Vollmond des Jahres			VM	13:30 17:49 07:37
25 So	16h Mond in Erdferne (406.316 km)				18:57 07:50
26 Mo					20:05 08:01
27 Di	24h Mond im absteigenden Knoten				21:13 08:12
28 Mi	Merkur in oberer Konjunktion, Saturn in Konjunktion, 6h Mond 5° nordwestl. von Spica, 23h Mond 4° östlich von Spica				22:22 08:23
29 Do					23:35 08:36

FEB

Sonne und Planeten

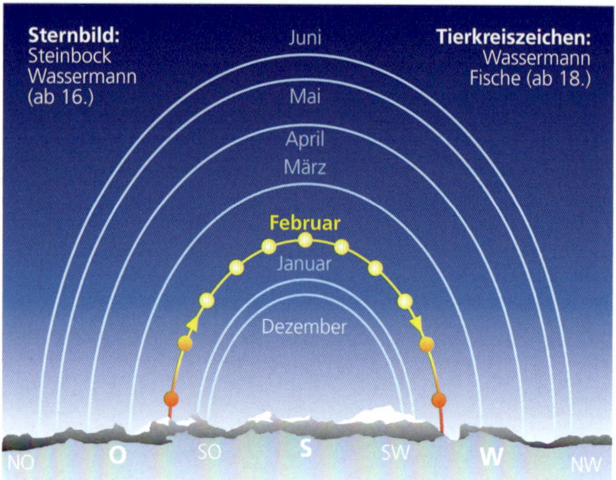

Dämmerung Anfang	Sonne Aufgang		Sonne Untergang	Dämmerung Ende
6:40	7:54	1.2.	17:14	18:28
6:18	7:29	16.2.	17:40	18:51

Die **SONNE** wandert zunächst durch das Sternbild Steinbock und erreicht am 16.2. den Wassermann; am 18.2. wechselt sie in das Tierkreiszeichen Fische. Die Mittagshöhe nimmt von 23° auf 32° zu, die Länge des lichten Tages entsprechend von 9:20 Stunden auf 10:58 Stunden.

MERKUR läuft der Sonne am Himmel unsichtbar hinterher und erreicht am 28.2. die obere Konjunktion.

VENUS verringert ihren westlichen Winkelabstand zur Sonne weiter und zieht sich allmählich vom Morgenhimmel zurück.

MARS kann seinen Aufgangsvorsprung vor der Sonne nur langsam ausbauen und bleibt weiterhin unsichtbar.

JUPITER verlegt seinen Untergang in die Stunde vor Mitternacht und wird so zum Planeten der ersten Nachthälfte.

SATURN steht am 28.2. in Konjunktion mit der Sonne und kann bestenfalls in den ersten Februartagen noch am Abendhimmel erspäht werden.

Der Orion ist mit seinen markanten drei Gürtelsternen sowie der rötlichen Beteigeuze als Schulterstern am Winterhimmel leicht zu erkennen.

DAS STERNBILD ORION

Der Orion gilt zurecht als Leitsternbild des Winterhimmels. Mit seinen markanten drei, nahezu gleich hellen Gürtelsternen auf ziemlich gerader Linie ist es auch für Einsteiger leicht zu erkennen. Hinzu kommen die orangerote Beteigeuze links oberhalb und der weißliche Rigel rechts unterhalb dieser Gürtelsterne – zwei Sterne der ersten Größenklasse, also besonders helle Objekte. Der eine markiert die linke Schulter, der andere den rechten Fußstern des Himmelsjägers, dem bereits die Babylonier und später die Griechen eine besondere Bedeutung zukommen ließen.

WEGWEISER AM HIMMEL

Mit Orions Hilfe lassen sich gleich mehrere Nachbarsternbilder auffinden. So weisen die drei Gürtelsterne nach rechts oben auf den Stierkopf mit Aldebaran (und weiter zum Sternhaufen der Plejaden), nach links unten auf Sirius, den für uns hellsten Stern am Himmel, und die Linie von Rigel über Beteigeuze hinaus zeigt in Richtung Zwillinge. Unterhalb der drei Gürtelsterne erkennt man schon mit einem Fernglas einen leuchtenden Nebelfleck, hinter dem sich ein Sternentstehungsgebiet verbirgt – der Orionnebel M 42: In dieser ausgedehnten Gas- und Staubwolke wachsen derzeit mehrere Hundert neue Sterne heran.

Sterne und Sternbilder

DER STERNHIMMEL IM FEBRUAR

Tief über dem Südhorizont steht der Große Hund mit Sirius, dem bei uns hellsten Fixstern, zur gewohnten Beobachtungszeit (etwa 21 Uhr zur Monatsmitte, am Monatsanfang eine Stunde später) unmittelbar vor der Nord-Süd-Linie, die der Himmelsjäger Orion rechts darüber bereits überschritten hat. Damit haben die typischen Wintersternbilder den Südhimmel jetzt vollständig „besetzt".

DAS WINTERSECHSECK

Sirius, mit einer Entfernung von nur knapp 9 Lichtjahren einer der nächsten Nachbarn der Sonne, bildet den südlichen Eckpunkt eines großen, unregelmäßigen Sechsecks aus hellen Sternen des Winterhimmels. Im Uhrzeigersinn schließt sich links darüber Prokyon an, der Hauptstern im Kleinen Hund, gefolgt von Pollux, dem unteren der beiden Zwillingssterne, ehe mit Kapella im Fuhrmann die obere Spitze erreicht wird. Die nächste Ecke rechts darunter, Aldebaran im Stier, haben wir ebenso wie Rigel, den rechten Fußstern des Orion, bereits im Vormonat identifiziert. Das Wintersechseck zählt zu den Asterismen.

KLARE FIGUREN

Diese Sternbilder des Winterhimmels zeichnen sich dadurch aus, dass sich die Umrisse der meisten zugrunde liegenden Figuren einigermaßen klar erkennen lassen, sei es nun der Große Hund in „Sitz"-Haltung, die beiden Zwillinge als „Strichmännchen" mit Kastor und Pollux an der Position der Köpfe, der v-förmige Stierkopf mit den beiden Hörnern oder auch die kräftige Gestalt des Himmelsjägers Orion, der seinen mit einem Schild bewehrten rechten Arm dem heranbrausenden Stier entgegenhält. Selbst den – auf dem Kopf stehenden – antiken Streitwagen des Fuhrmanns, bei dem Kapella die Achse des Wagenrads markiert, ist mit dieser einordnenden Zusatzinformation zu erkennen.

FANTASIE GEFRAGT

Dagegen braucht man für den Kleinen Hund, der nur zwei hellere Sterne (Prokyon und Gomeisa) umfasst, schon eine gehörige Portion Fantasie. Noch mehr davon ist allerdings vonnöten, wenn man zwischen dem Kleinen und dem Großen Hund ein Einhorn erkennen will, denn diese Figur enthält nur zwei Sterne, die gerade noch zur dritten Größenklasse gehören – alle anderen sind als Objekte der vierten Größe und darunter noch lichtschwächer. Am aufgehellten (Groß-) Stadthimmel wird man also vergeblich nach dem Einhorn Ausschau halten.

Was sich am Himmel tut

	abends	nachts	morgens	Mondphase	Aufgang Untergang
1 Fr	Jupiter		Venus		-- 08:51
2 Sa	Jupiter		Venus		00:49 09:12
3 So	Jupiter	6^h Mond 2° westlich von Antares	Venus	LV 16:24	02:05 09:40
4 Mo	Jupiter		Venus		03:19 10:20
5 Di	Jupiter		Venus		04:25 11:17
6 Mi	Jupiter		Venus		05:17 12:32
7 Do	Jupiter		Venus		05:55 13:59
8 Fr	Jupiter		Venus		06:23 15:31
9 Sa	Jupiter	Venus wechselt ins Sternbild Wassermann	Venus		06:44 17:04
10 So	Jupiter	8^h Mond in größter Erdnähe (356.895 km)	Venus	NM 10:00	07:01 18:34
11 Mo	Jupiter				07:17 20:04
12 Di	Jupiter	2^h Mond im aufsteigenden Knoten			07:32 21:33
13 Mi	Jupiter	22^h Mond 3° nordwestl. von Jupiter			07:49 23:01
14 Do	Jupiter	23^h Mond 4° südwestl. von Alcyone			08:09 --
15 Fr	Jupiter	20^h Mond 8° östlich von Alcyone			08:35 00:28

Merkur Venus Mars Jupiter Saturn Mond

	abends nachts morgens	Mondphase	Aufgang Untergang
16 Sa			09:10 01:49
17 So	Merkur im sonnennächsten Bahnpunkt (46 Mio. km)	EV 05:11	09:56 03:00
18 Mo			10:55 03:56
19 Di	Venus im sonnenfernsten Bahnpunkt (108,94 Mio. km), Mars wechselt ins Sternb. Wassermann, 3ʰ Mond 4° südwestl. v. Pollux		12:03 04:37
Frühlingsanfang 20 Mi	4ʰ07ᵐ Sonne im Frühlingspunkt, Frühjahrs-Tagundnachtgleiche		13:15 05:07
21 Do			14:27 05:29
22 Fr	4ʰ Mond 4° nördlich von Regulus 20ʰ Mond 6° östlich von Regulus		15:38 05:45
23 Sa	17ʰ Mond in Erdferne (406.292 km)		16:47 05:58
24 So	Merkur in gr. östl. Elongation (18,7°), **Abendsichtbarkeit**		17:55 06:10
25 Mo	8ʰ Halbschatten-Mondfinsternis (bei uns nicht sichtbar)	VM 08:00	19:03 06:20
26 Di	5ʰ Mond im absteigenden Knoten 22ʰ Mond 1° nordöstl. von Spica		20:12 06:31
27 Mi			21:24 06:44
28 Do			22:38 06:58
Karfreitag 29 Fr			23:54 07:17
30 Sa	5ʰ Mond 6° westlich von Antares		-- 07:42
Ostern 31 So	2ʰ Beginn der Sommerzeit (2ʰ MEZ = 3ʰ MESZ)		01:08 09:17

MÄR

Sonne und Planeten

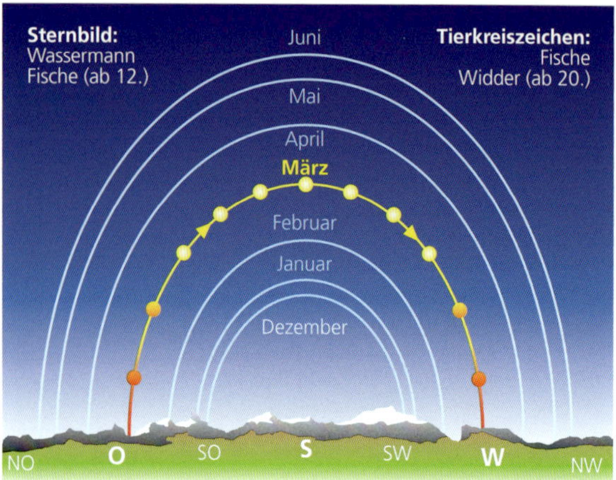

Dämmerung Anfang	Sonne Aufgang		Sonne Untergang	Dämmerung Ende
5:54	7:04	1.3.	18:02	19:12
5:22	6:32	16.3.	18:26	19:37

Die **SONNE** wandert zunächst durch das Sternbild Wassermann und erreicht am 12.3. die Fische; am 20.3. wechselt sie in das Tierkreiszeichen Widder. Die Mittagshöhe nimmt von 33° auf 44° zu, die Länge des lichten Tages entsprechend von 11:02 Stunden auf 12:54 Stunden.

MERKUR erreicht am 24.3. eine größte östliche Elongation (19°) und taucht in der zweiten Monatshälfte am hellen Abenddämmerungshimmel auf.

VENUS verliert weiter an Aufgangsvorsprung vor der Sonne und zieht sich für mehrere Monate von der Himmelsbühne zurück.

MARS bleibt am Morgenhimmel auch weiterhin noch unsichtbar.

JUPITER rückt allmählich näher an die Sonne heran und geht zuletzt nur noch gut 3 Stunden nach ihr unter.

SATURN steht nach der Konjunktion im Februar noch immer unsichtbar mit der Sonne am Taghimmel.

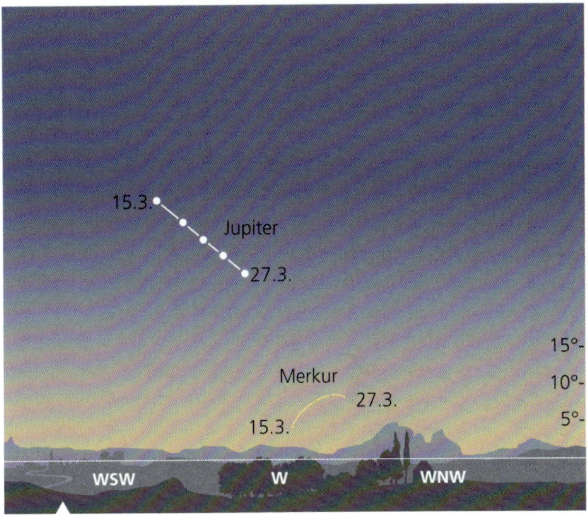

Bei der diesjährigen Abendsichtbarkeit von Merkur kann der helle Jupiter als auffälliger Wegweiser dienen.

MERKUR AM ABENDHIMMEL

Am 24.3. zieht der sonnennahe Merkur durch seine größte östliche Elongation und taucht in dem Zusammenhang für gut 10 Tage am Abendhimmel auf. Der maximale Winkelabstand zur Sonne erreicht zwar nur knapp 19 Grad, aber jetzt steigt die Ekliptik am westlichen Abendhimmel steil empor, dazu bewegt sich Merkur auch noch nördlich der Ekliptikebene, sodass er trotz des geringen Winkelabstandes dann erst 109 Minuten nach der Sonne untergeht.

WEGWEISER JUPITER

In den Tagen vor der größten Elongation ist der Winkelabstand noch etwas geringer und Merkur versinkt daher noch ein paar Minuten früher nach der Sonne hinter den Horizont; zugleich sehen wir aber noch einen größeren Teil des Planeten von der Sonne beschienen, sodass Merkur noch etwas heller strahlt und sich früher am noch aufgehellten Dämmerungshimmel abzeichnet. Entsprechend lohnt es sich bereits ab der Monatsmitte, über einem ganz niedrigen Horizont nach dem seltenen Himmelsgast Ausschau zu halten – dabei kann Jupiter als Wegweiser dienen. Nach der größten Elongation nimmt dagegen die Helligkeit rasch ab und die Chancen, ihn noch zu finden, sinken rapide.

Sterne und Sternbilder

DER STERNHIMMEL IM MÄRZ

Zur gewohnten Beobachtungszeit haben auch die beiden „letzten" Winterfiguren (Zwillinge und Kleiner Hund) die Nord-Süd-Linie überschritten und die Gruppe um den Himmelsjäger Orion ist damit vollständig auf die Westhälfte des Himmels gewechselt. Was folgt, erscheint im Wesentlichen als eher sternarme Region, aus der allenfalls Alphard, der Hauptstern der Wasserschlange, als Objekt der – gerade noch – 1. Größenklasse heraus sticht; der Name ist Programm, bedeutet er im Arabischen doch so viel wie „der Alleinstehende".

LICHTSCHEUER KREBS

Trotzdem verdient das Ekliptiksternbild, das als nächstes die Nord-Süd-Linie überschreitet, besondere Aufmerksamkeit: Als Sternbild ist der Krebs zwar recht unscheinbar, aber von einem dunkleren Ort aus lässt sich seine an ein auf dem Kopf stehendes Y erinnernde Form trotz allem gut erkennen. Abseits störender Stadtlichter findet man nahe dem Treffpunkt der drei Y-Äste als leicht schimmernde Region auch den Sternhaufen Praesepe (M 44) mit bloßem Auge – ein Fernglas enthüllt die volle Pracht dieses Sternhaufens (siehe dazu auch Seite 41).

DIE WASSERSCHLANGE

Unterhalb des Ypsilons deutet ein kleiner Sternbogen den Kopf der Wasserschlange an, deren langer Hals mit Alphard sich vom Südosthorizont bis hierher emporwindet. Die Wasserschlange ist das flächenmäßig größte Sternbild, das wegen seiner scheinbar endlosen West-Ost-Ausdehnung und seiner südlichen Position zumindest in unseren Breiten nicht einmal eine Stunde lang vollständig über dem Horizont steht.

LÖWE, BÄR UND LUCHS

Während sich die „Sternleere" oberhalb vom Krebs in Gestalt des Sternbildes Luchs fortsetzt, folgt auf gleicher Höhe links der mächtige Löwe mit Regulus als hellstem Stern. Auf seinem Rücken versteckt sich der unscheinbare Kleine Löwe und hoch am Osthimmel greift der Große Bär nach dem Zenit.

Der Sternhaufen Praesepe (M 44) bietet im Fernglas einen prachtvollen Anblick.

Was sich am Himmel tut

	abends nachts morgens	Mond-phase	Aufgang Untergang
Ostern 1 Mo	Venus wechselt ins Sternbild Fische		03:16 10:06
2 Di		LV	05:15 04:11 11:12
3 Mi			04:53 12:32
4 Do			05:24 14:00
5 Fr			05:47 15:29
6 Sa			06:05 16:59
7 So	20h Mond in Erdnähe (358.850 km)		06:20 18:27
8 Mo	14h Mond im aufsteigenden Knoten 20h Totale Sonnenfinsternis (bei uns nicht sichtbar)	NM	20:21 06:35 19:57
9 Di			06:51 21:27
10 Mi	Venus wechselt ins Sternbild Walfisch 21h Mond 3° nördlich von Jupiter		07:10 22:57
11 Do	22h Mond 4° östlich von Alcyone		7:33 --
12 Fr	Merkur in unterer Konjunktion		08:04 00:24
13 Sa	Venus wechselt ins Sternbild Fische		08:47 01:43
14 So			09:43 02:47
15 Mo	2h Mond 8° westlich von Pollux	EV	21:13 10:49 03:36

Merkur Venus Mars Jupiter Saturn Mond

	abends nachts morgens	Mondphase	Aufgang Untergang
16 Di	3h Mond 6° südöstl. von Pollux		12:01 04:09
17 Mi			13:15 04:34
18 Do	4h Mond 7° nordwestl. von Regulus 22h Mond 4° östlich von Regulus		14:26 04:52
19 Fr			15:36 05:06
20 Sa	4h Mond in Erdferne (405.625 km)		16:44 05:19
21 So			17:52 05:30
22 Mo	Lyriden-Meteorstrom im Maximum 13h Mond im absteigenden Knoten		19:01 05:41
23 Di	4h Mond 1° nordwestl. von Spica		20:12 05:52
24 Mi	Mars wechselt ins Sternbild Fische	VM	01:49 21:26 06:06
25 Do			22:42 06:23
26 Fr			23:58 06:46
27 Sa	1h Mond 2° südöstl. von Antares	EV	23:20 -- 07:18
28 So	Jupiter wechselt ins Sternbild Stier		01:09 08:02
29 Mo			02:08 09:03
30 Di	Merkur im sonnenfernsten Bahnpunkt (69,8 Mio. km) Venus wechselt ins Sternbild Widder		02:53 10:18

Sonne und Planeten

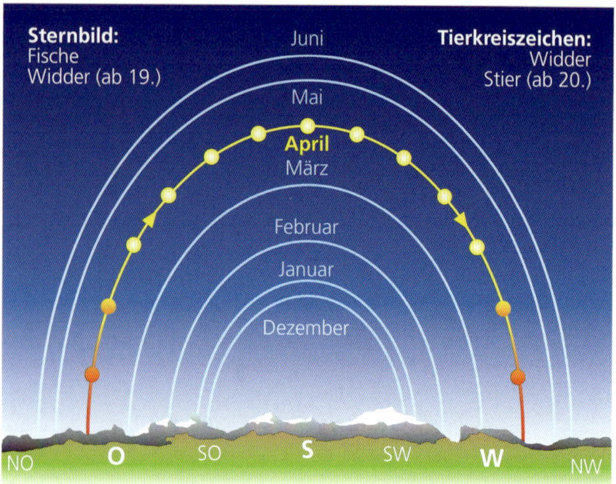

Dämmerung Anfang	Sonne Aufgang		Sonne Untergang	Dämmerung Ende
5:45	6:57	1.4.	19:52	21:04
5:09	6:26	16.4.	20:15	21:32

Die **SONNE** wandert durch das Sternbild Fische und erreicht am 19.4. den Widder; am 20.4. wechselt sie in das Tierkreiszeichen Stier. Die Mittagshöhe nimmt von 45° auf 55° zu, die Länge des lichten Tages von 12:58 Stunden auf 14:42 Stunden.

MERKUR steht am 12.4. in unter Konjunktion und bleibt den ganzen Monat über unsichtbar mit der Sonne am Taghimmel.

VENUS zieht ihre Bahn jenseits der Sonne und bleibt unsichtbar mit ihr am Taghimmel.

MARS kann sich trotz seines wachsenden Winkelabstandes noch immer nicht aus dem Glanz der Sonne lösen.

JUPITER kann anfangs noch am Abendhimmel gesehen werden, verschwindet später aber im Glanz der Sonne.

SATURN sollte nach mehrmonatiger Pause in den letzten Apriltagen wieder am Morgenhimmel über einem flachen Horizont sichtbar werden.

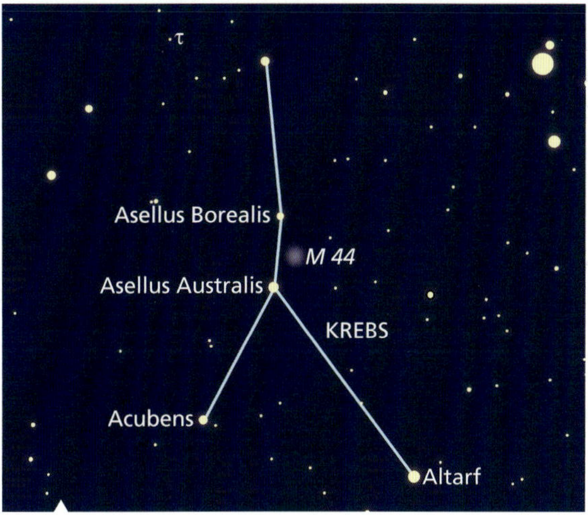

Die helleren Sterne des unauffälligen Ekliptiksternbildes Krebs formen ein auf dem Kopf stehendes Ypsilon.

DAS STERNBILD KREBS

Unter den Sternbildern der Ekliptik gehört der Krebs ohne Zweifel zu den unscheinbarsten Figuren: Zwischen den Zwillingen im Westen und dem Löwen als Leitsternbild des Frühlings im Osten, die beide klar erkennbare Umrisse zeigen, fallen seine Sterne, von denen nur zwei zur dritten Größenklasse gehören, kaum auf. Hinzu kommen drei Sterne der vierten Größe, der Rest ist noch leuchtschwächer. Diese fünf „hellsten" Sterne lassen sich zu einem auf dem Kopf stehenden Ypsilon verbinden, wobei der Hauptstern des Krebses, Altarf, rechts unten zu finden ist.

DIE HIMMLISCHE FUTTERKRIPPE

Der zweithellste Stern (Asellus Australis, südlicher Esel), an dem die drei „Äste" des Ypsilons zusammenkommen, liegt fast genau auf der Ekliptik. Zusammen mit dem „nördlichen Esel" (Asellus borealis) gut 3 Grad darüber und zwei etwas dunkleren Sternen rund 3 Grad weiter rechts bildet er ein kleines, unregelmäßiges Viereck, das den offenen Sternhaufen M 44 (Praesepe, Futterkrippe) einrahmt. Von einem dunklen Standort aus erscheint dieser als leicht milchiger Fleck, im Fernglas enthüllt er seine ganze Pracht: In rund 590 Lichtjahren Entfernung stehen dort etwa 350 Sterne auf vergleichsweise engem Raum zusammen.

Sterne und Sternbilder

DER STERNHIMMEL IM APRIL

Die inzwischen wieder geltende Sommerzeit strapaziert ab sofort die Geduld der Himmelsbeobachter unnötig, verschiebt doch die künstliche Verspätung des Sonnenuntergangs auch die gewohnte Beobachtungszeit um eine Stunde nach hinten: Auf 23 Uhr MESZ zu Monatsbeginn oder 22 Uhr MESZ zur Monatsmitte. Dann hat die markante Figur des Löwen die Nord-Süd-Linie erreicht und hoch am Himmel erstreckt sich der Große Bär rund um den Zenit.

LICHT AUS DER VERGANGENHEIT

Regulus, der Hauptstern des Löwen, steht am unteren Ende einer sichelförmigen Sternkette, die den Umriss des Löwenkopfes nachzeichnet. Sein Licht war gut 79 Jahre unterwegs, stammt in diesen Wochen also aus der Zeit, da auf der Erde der 2. Weltkrieg zu Ende ging. Am anderen Ende des Löwenrumpfes markiert Denebola den Schwanzansatz der großen Raubkatze; er ist mit rund 36 Lichtjahren Distanz ähnlich weit entfernt wie der orangefarbene Arktur, der Hauptstern im Sternbild Rinderhirte, das am Osthimmel langsam höher steigt.

RICHTIG GENDERN!

Eigentlich ist Arktur wegen seiner Helligkeit und Färbung nicht zu verfehlen, aber wer ganz sicher sein will, folgt dem geschwungenen Bogen der Wagendeichsel in Richtung Horizont, um auf Arktur zu treffen; den Großen Wagen selbst findet man derzeit zenitnah am Osthimmel. Diese weithin bekannte Gruppe aus sieben vergleichsweise hellen Sternen ist übrigens kein Sternbild, sondern lediglich der auffälligste Teil der viel größeren Figur des Großen Bären – die eigentlich eine Bärin ist, war sie doch in der den Namen gebenden griechischen Sage ursprünglich die Mutter von Arkas, dem Stammvater der Arkadier; im lateinischen Ursa Maior ist das richtige Geschlecht noch erhalten.

NICHT VERPASSEN!

Um den 22.4. erreicht der Meteorstrom der Lyriden sein alljährliches Maximum. Er geht auf den Kometen C/1861 G1 (Thatcher) zurück, der im April 1861 von dem amerikanischen Amateur-Astronomen Albert Thatcher entdeckt wurde und für einen Sonnenumlauf rund 415 Jahre benötigt. Die Sternschnuppen sind vorzugsweise in der zweiten Nachthälfte zu beobachten, wenn das Sternbild Leier im Nordosten emporsteigt. Der Strom ist in der Regel nicht sehr ergiebig, zeigt aber hin und wieder auch kurze, unter Umständen recht heftige Ausbrüche.

Was sich am Himmel tut

	abends nachts morgens	Mond-phase	Aufgang Untergang
Maifeiertag 1 Mi	Mond im Letzten Viertel	LV	13:27 03:27 11:41
2 Do			03:51 13:08
3 Fr			04:10 14:34
4 Sa	Eta-Aquariden-Meteorstrom im Maximum 5^h Mond 3° östlich von Saturn		04:25 16:00
5 So	24^h Mond im aufsteigenden Knoten		04:40 17:26
6 Mo	0^h Mond in Erdnähe (363.166 km)		04:55 18:53
7 Di			05:12 20:22
8 Mi	Mars im sonnennächsten Bahnpunkt (206,7 Mio. km)	NM	05:22 05:32 21:52
Himmelfahrt 9 Do	Merkur in gr. westl. Elongation (26,4°) Mars wechselt ins Sternbild Walfisch		06:00 23:17
10 Fr			6:37 --
11 Sa			07:28 00:30
12 So			08:31 01:27
13 Mo	Mars wechselt ins Sternbild Fische 1^h Mond 2° südlich von Pollux		09:44 02:08
14 Di			10:58 02:36
15 Mi		EV	13:48 12:12 02:57

Merkur Venus Mars Jupiter Saturn Mond

	abends nachts morgens	Mond-phase	Aufgang Untergang
16 Do	1h Mond 2° nördlich von Regulus		13:23 03:13
17 Fr	21h Mond in Erdferne (404.641 km)		14:31 03:26
18 Sa	Venus wechselt ins Sternbild Stier Jupiter in Konjunktion		15:40 03:37
Pfingsten 19 So	19h Mond im absteigenden Knoten		16:47 03:48
Pfingsten 20 Mo	3h Mond 5° westlich von Spica 23h Mond 5° östlich von Spica		17:58 03:59
21 Di			19:11 04:12
22 Mi			20:26 04:28
23 Do		VM 15:53	21:44 04:49
24 Fr	4h Mond 1° westlich von Antares		22:58 05:18
25 Sa			-- 5:59
26 So			00:02 06:56
27 Mo			00:52 08:07
28 Di			01:29 09:29
29 Mi			01:56 10:55
Fronleichnam 30 Do		LV 19:13	02:15 12:19
31 Fr	3h Mond 4° südwestl. von Saturn		02:32 13:44

Sonne und Planeten

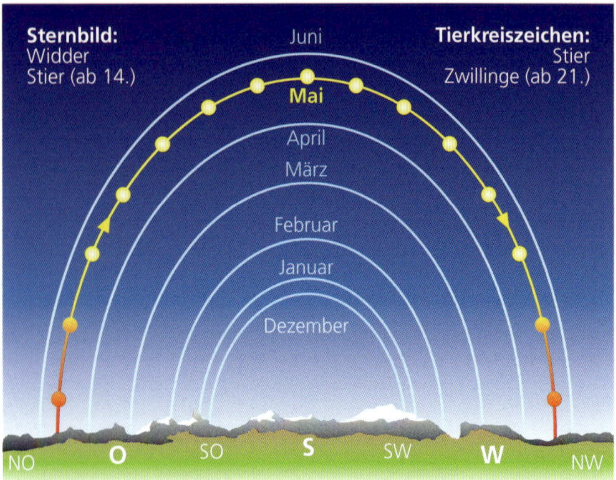

Dämmerung Anfang	Sonne Aufgang		Sonne Untergang	Dämmerung Ende
4:34	5:57	1.5.	20:39	22:02
4:01	5:33	16.5.	21:01	22:34

Die **SONNE** wandert zunächst durch das Sternbild Widder und erreicht am 14.5. den Stier; am 21.5. wechselt sie in das Tierkreiszeichen Zwillinge. Die Mittagshöhe nimmt von 55° auf 62° zu, die Länge des lichten Tages entsprechend von 14:46 Stunden auf 16:05 Stunden.

MERKUR steht zwar am 9.5. in einer größten westlichen Elongation, bleibt aber am Morgenhimmel trotzdem unsichtbar.

VENUS rückt bis auf 1 Grad an die Sonne heran und steht unsichtbar mit ihr am Taghimmel.

MARS setzt sich in der Morgendämmerung allmählich als blasser Lichtpunkt tief über dem Osthorizont durch.

JUPITER steht am 18.5. in Konjunktion mit der Sonne und bleibt daher in diesem Monat unsichtbar.

SATURN geht zuletzt fast drei Stunden vor der Sonne auf und kann dann im Ostteil des Sternbilds Wassermann beobachtet werden.

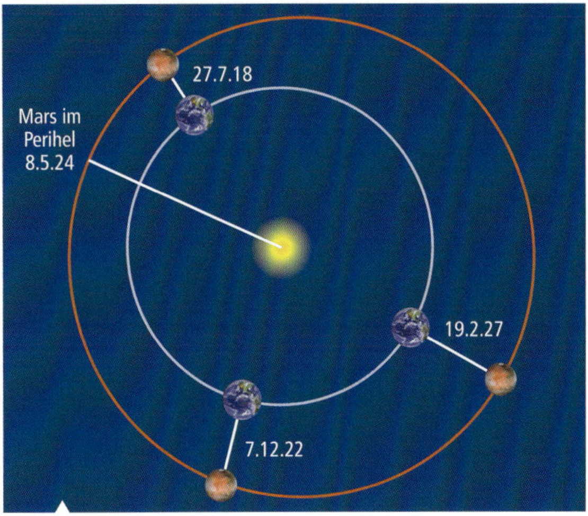

Die elliptische Marsbahn führt zu stark wechselnden Oppositionsentfernungen und somit zu unterschiedlichen Größen im Fernrohr.

DIE ELLIPTISCHE MARSBAHN

Mars, der äußere Nachbarplanet der Erde, zieht am 8.5. durch den sonnennächsten Punkt seiner Bahn und ist dann „nur" noch gut 206 Millionen Kilometer von der Sonne entfernt. Am anderen „Ende" seiner Bahn trennen ihn dagegen rund 249 Millionen Kilometer von ihr. Vor gut 400 Jahren konnte der Astronom Johannes Kepler bei der Auswertung der von Tycho Brahe gemessenen Marspositionen zeigen, dass sich die Planeten nicht auf Kreisbahnen, sondern auf Ellipsen um die Sonne bewegen.

UNTERSCHIEDLICHE GRÖSSE

Dieser Umstand führt dazu, dass Mars nicht bei jeder Oppositionsstellung gleich nahe an die Erde herankommt: Während der gegenseitige Abstand im Juli 2018 bis auf rund 57,6 Millionen Kilometer schrumpfte, waren es im Dezember 2022 etwa 81,4 Millionen Kilometer und im Februar 2027 werden es sogar 101,4 Millionen Kilometer bleiben. Entsprechend unterschiedlich groß erscheint Mars dann im Fernrohr: Brachte er es 2018 immerhin auf 24,3 Bogensekunden, so waren es im Dezember 2022 nur noch 17,2. In drei Jahren (2027) erreicht Mars lediglich 13,8 Bogensekunden; dafür zieht er dann jedoch immerhin im Sternbild Löwe vergleichsweise hoch über den Himmel.

Sterne und Sternbilder

DER STERNHIMMEL IM MAI

Noch einmal rutscht die „gewohnte“ Beobachtungszeit um eine Stunde nach hinten, denn in den Wochen um den Sommeranfang sorgt der lange Tagbogen der Sonne zusammen mit der Sommerzeit für ein spätes Ende der Dämmerung, wobei es im Norden Mitteleuropas gar nicht mehr „richtig“ oder astronomisch dunkel wird. Für drei Monate zeigt die Sternkarte daher den Himmelsanblick zur Monatsmitte gegen 23 Uhr MESZ (bzw. 24 Uhr am Monatsanfang).

DAS GRÖSSTE EKLIPTIKSTERNBILD

Dann erstreckt sich das Sternbild Jungfrau zu beiden Seiten der Nord-Süd-Linie, wobei der Hauptstern Spica den Meridian fast schon erreicht hat. Von einem dunkleren Standort aus erkennt man die himmlische Maid förmlich mit offenen Armen und lang gestreckten Beinen im Grase oder auch am Strand liegen; etwas zurückhaltender – mit zumeist angelegten Armen – ist freilich die Darstellung der Jungfrau in alten Sternatlanten. Sie ist unter den Ekliptiksternbildern das größte – immerhin braucht die Sonne von Mitte September bis Ende Oktober 44 Tage für eine Durchquerung.

MELOTTE 111

Oberhalb der beiden geöffneten Arme ist – ebenfalls nur fernab störender Stadtlichter – das unscheinbare Sternbild Haar der Berenike zu identifizieren, das nur Sterne der vierten Größenklasse und darunter enthält. Im rechten oberen Viertel dieses kleinen Sternbilds erahnt man mit bloßem Auge – und erkennt man im Fernglas – den offenen Sternhaufen Melotte 111 mit mehr als 40 Mitgliedern in rund 280 Lichtjahren Distanz.

DIE WASSERSCHLANGE

Unterhalb der Jungfrau kann man das ausgedehnte Sternbild der Wasserschlange jetzt für kurze Zeit in voller Länge sehen – von dem den Kopf markierenden kleinen Sternenbogen unterhalb des Krebses im Westen bis zu den Sternen der Waage, die im Südosten emporsteigt. Auf ihrem Rücken lagern Becher und Rabe.

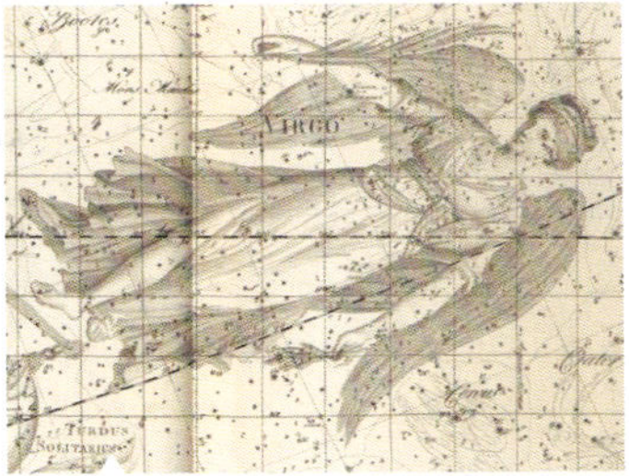

Das Sternbild Jungfrau wurde früher mit einer Kornähre in der Hand dargestellt.

Was sich am Himmel tut

	abends nachts morgens	Mond-phase	Aufgang Untergang
1 Sa			02:46 15:07
2 So	5^h Mond im aufsteigenden Knoten 9^h Mond in Erdnähe (368.108 km)		03:01 16:31
3 Mo	4^h Mond 3° nordöstl. von Mars		03:16 17:57
4 Di	Venus in oberer Konjunktion		03:34 19:24
5 Mi			03:58 20:50
6 Do		NM	14:38 04:30 22:09
7 Fr			05:15 23:14
8 Sa	23^h Mond 7° westlich von Pollux		6:13 --
9 So	23^h Mond 7° südöstl. von Pollux		07:24 00:02
10 Mo	Mars wechselt ins Sternbild Widder		08:39 00:35
11 Di			09:54 01:00
12 Mi	0^h Mond 5° nordwestl. von Regulus 24^h Mond 8° östlich von Regulus		11:07 01:18
13 Do	Merkur im sonnennächsten Bahnpunkt (46 Mio. km)		12:17 01:32
14 Fr	Merkur in oberer Konjunktion 16^h Mond in Erdferne (404.078 km)	EV	07:18 13:25 01:44
15 Sa	22^h Mond im absteigenden Knoten		14:33 01:55

Merkur Venus Mars Jupiter Saturn Mond

	abends / nachts / morgens	Mond-phase	Aufgang Untergang
16 So	Frühester Sonnenaufgang (5^h10^m) 23^h Mond 1° östlich von Spica		15:42 02:06
17 Mo	Venus wechselt ins Sternbild Zwillinge		16:53 02:18
18 Di			18:07 02:32
19 Mi			19:25 02:51
Sommer-anfang 20 Do	2^h Mond 6° westlich von Antares 22^h51^m Sommersonnenwende längster Tagbogen der Sonne		20:41 03:17
21 Fr	23^h Mond 6° östlich von Antares Kürzeste Vollmondnacht des Jahres		21:51 03:53
22 Sa		VM	03:08 22:47 04:45
23 So			23:29 05:53
24 Mo			23:59 07:14
25 Di	Spätester Sonnenuntergang (21^h33^m)		-- 08:40
26 Mi			00:21 10:07
27 Do	14^h Mond in Erdnähe (369.292 km)		00:38 11:32
28 Fr	2^h Mond 6° östlich von Saturn	LV	23:53 00:53 12:55
29 Sa	Saturn beginnt Oppositionsschleife 6^h Mond im aufsteigenden Knoten		01:07 14:18
30 So			01:22 15:42

Sonne und Planeten

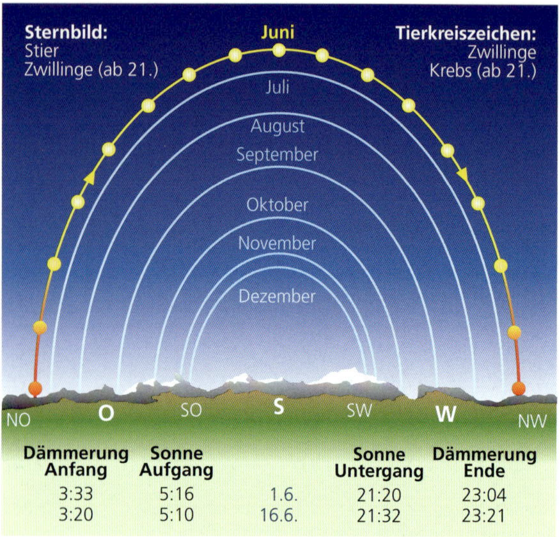

Die **SONNE** wandert zunächst durch das Sternbild Stier und erreicht am 21.6. die Zwillinge; am gleichen Tag wechselt sie in das Tierkreiszeichen Krebs. Die Mittagshöhe nimmt von 62° auf 63° zu, die Länge des lichten Tages entsprechend von 16:07 auf maximale 16:24 Stunden am 21.6.; danach schrumpft sie wieder auf 16:20 Stunden.

MERKUR zieht am 14.6. jenseits der Sonne vorbei und wechselt unsichtbar an den Abendhimmel.

VENUS steht am 4.6. in oberer Konjunktion und wird dabei für fast 45 Stunden von der Sonne verdeckt.

MARS geht immer früher vor der Sonne auf, sodass man ihn jetzt im Sternbild Widder finden kann.

JUPITER taucht in der zweiten Monatshälfte wieder am Morgenhimmel auf und gewinnt langsam an Aufgangsvorsprung zur Sonne.

SATURN beginnt am 29.6. im Sternbild Wassermann seine diesjährige Oppositionsschleife.

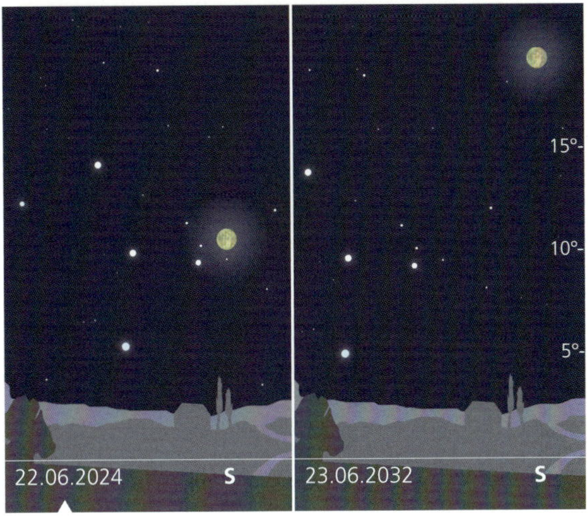

Aufgrund der wandernden Position der Mondbahn-Knoten kann die Höhe des Sommervollmonds um rund 10 Grad schwanken.

TIEFSTEHENDER SOMMERVOLLMOND

Bekanntlich steht der Vollmond der Sonne am Himmel gegenüber und zeichnet deshalb im Sommer die Bahn der Wintersonne nach, zieht also in vergleichsweise flachem Bogen über den Himmel. In diesem Jahr bleibt der Sommervollmond in der Nacht zum 22.6. aber weit hinter dieser vereinfachten Regel zurück: Während es die Wintersonne im Dezember auf 50 Grad nördlicher Breite immerhin auf eine Mittagshöhe von rund 16,5 Grad bringt, schafft der Erdtrabant gerade einmal 11,4 Grad.

SCHIEFE MONDBAHN

Grund dafür ist die Ausrichtung der Mondbahn im Raum. Sie fällt nicht mit der Ekliptik zusammen, sondern ist um gut 5 Grad dagegen geneigt, wobei die Schnittpunkte zwischen Mondbahn und Ekliptik (die sogenannten Mondbahn-Knoten) innerhalb von 18,6 Jahren einmal durch alle Tierkreissternbilder wandern. Je nach aktueller Lage dieser Schnittpunkte ändert sich die maximale Höhe des Sommervollmondes. Wenn – wie derzeit – der absteigende Knoten im Sternbild Fische liegt, erreicht der Junivollmond nur gut elf Grad. Liegt dagegen der aufsteigende Knoten in den Fischen, addieren sich Wintersonnenhöhe und Bahnneigung auf zusammen mehr als 21 Grad.

Sterne und Sternbilder

DER STERNHIMMEL IM JUNI

Wenn es endlich dunkel genug ist, um mehr als nur die hellsten Sterne zu erkennen, hat sich das Frühlingsdreieck vollständig auf die Westhälfte des Himmels verschoben. Aber schon in der Dämmerung kann man zumindest den orangefarbenen Arktur, Hauptstern im Rinderhirten, hoch am Südhimmel erspähen. Er und Wega, der weißliche Hauptstern der Leier, der jetzt ähnlich hoch am Osthimmel leuchtet, sind die beiden hellsten Sterne nördlich des Himmelsäquators.

ALTER ARKTUR

Am Himmel erscheint der Rinderhirte mit Arktur als Hauptstern ähnlich wie ein Papierdrache, den man im Herbst an einer langen Schnur aufsteigen lässt; die Spitze des Drachens reicht noch bis fast zum Zenit, der lange – in diesem Falle allerdings unsichtbare – Schweif setzt bei Arktur an. Wenn Arktur, der höchstens anderthalb Sonnenmassen in sich vereint, sich schon zu einem roten Riesenstern mit derzeit rund 25 Sonnendurchmessern aufgebläht hat, dürfte er nahezu doppelt so alt sein wie die Sonne. Damit ist er vermutlich der älteste mit bloßem Auge sichtbare Stern an unserem hiesigen Firmament.

DIE EX-SCHEREN DES SKORPION

Unmittelbar östlich der Nord-Süd-Linie warten einige unscheinbare Sternbilder darauf, den Meridian zu queren. Am auffälligsten ist noch die Nördliche Krone links neben der Spitze des Rinderhirten – eine halbkreisförmige Sternenkette mit Gemma als hellstem Stern. Darunter ragt der Kopf der Schlange mit ihrem geöffneten Maul auf – der westliche Teil der vom nachfolgenden Schlangenträger gebändigten Riesenschlange. Im unteren Drittel kreuzt schließlich die Waage die Nord-Süd-Linie, deren Sterne vor einigen Tausend Jahren noch die Scheren des nachfolgenden Skorpions markierten.

DIE RIESEN KOMMEN

Während im Westen der Löwe zum Sprung hinter den Horizont ansetzt, steigen am Südosthimmel zwei Riesengestalten auf, die von den Griechen des Altertums mit Herakles (römisch Herkules) und dem Schlangenträger Äskulap identifiziert wurden. Noch tiefer zum Horizont taucht rechts davon das rötliche Licht von Antares, dem auffälligen Hauptstern im Skorpion, im Dunst auf – der südlichste unter den hellen Sternen nahe der Ekliptik, der bei uns (auf 50 Grad nördlicher Breite) gerade einmal eine Höhe von knapp 14 Grad erreicht.

JUL

Was sich am Himmel tut

	abends nachts morgens	Mondphase	Aufgang Untergang
1 Mo			01:39 17:07
2 Di	2h Mond 6° nordöstl. von Mars 4h Mond 8° südwestl. von Alcyone		02:00 18:31
3 Mi	4h Mond 5° nordwestl. von Jupiter		02:28 19:52
4 Do			03:07 21:01
5 Fr	7h Erde im sonnenfernsten Bahnpunkt (152,1 Mio. km)		04:00 21:55
6 Sa		NM	00:57 05:06 22:34
7 So			06:19 23:01
8 Mo	3h Jupiter 5° nördlich von Aldebaran		07:36 23:22
9 Di			08:50 23:37
10 Mi	Venus wechselt ins Sternbild Krebs Venus im sonnennächsten Bahnpunkt (107,49 Mio. km)		10:01 23:50
11 Do	Mars wechselt ins Sternbild Stier		11:11 --
12 Fr	10h Mond in Erdferne (404.363 km)		12:18 00:01
13 Sa	23h Mond 3° westlich von Spica		13:27 00:12
14 So	0h Mond im absteigenden Knoten 22h30m Mond 9° östlich von Spica	EV	00:49 14:36 00:23
15 Mo			15:48 00:37

Merkur Venus Mars Jupiter Saturn Mond

	abends / nachts / morgens	Mondphase	Aufgang Untergang
16 Di			17:04 00:53
17 Mi	22h Mond 1° südlich von Antares		18:20 01:15
18 Do			19:33 01:46
19 Fr			20:36 02:30
20 Sa			21:24 03:32
21 So	3h Mars 5° südlich von Alcyone	VM 12:17	21:59 04:50
22 Mo	Merkur in gr. östl. Elongation (26,9°)		22:24 06:17
23 Di			22:44 07:47
24 Mi	8h Mond in Erdnähe (364.914 km)		23:00 09:15
25 Do	1h Mond 1° östlich von Saturn		23:14 10:41
26 Fr	Venus wechselt ins Sternbild Löwe 8h Mond im aufsteigenden Knoten		23:29 12:05
27 Sa	Merkur im sonnenfernsten Bahnpunkt (69,8 Mio. km), Delta-Aquariden-Meteorstrom im Maximum		23:45 13:30
28 So		LV 04:51	-- 14:55
29 Mo			00:04 16:19
30 Di	2h Mond 2° östlich von Alcyone 4h Mond 5° nordwestl. von Mars		00:29 17:41
31 Mi	3h Mond 5° nördlich von Jupiter		01:04 18:53

Sonne und Planeten

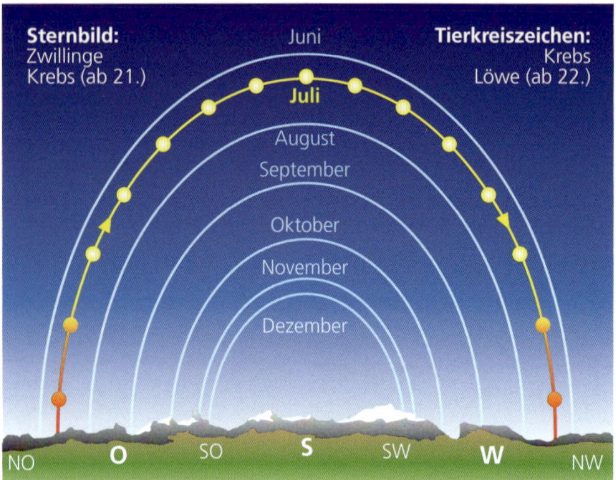

Dämmerung Anfang	Sonne Aufgang		Sonne Untergang	Dämmerung Ende
3:26	5:15	1.7.	21:32	23:20
3:48	5:28	16.7.	21:23	23:03

Die **SONNE** wandert zunächst durch das Sternbild Zwillinge und erreicht am 21.7. den Krebs; am 22.7. wechselt sie in das Tierkreiszeichen Löwe. Die Mittagshöhe nimmt von 63° auf 58° ab, die Länge des lichten Tages entsprechend von 16:19 Stunden auf 15:17 Stunden.

MERKUR erreicht am 22.7. eine größte östliche Elogation zur Sonne (26,9°), kann sich aber nicht aus dem Glanz der Sonne lösen und bleibt auch in diesem Monat unsichtbar.

VENUS entfernt sich langsam ostwärts von der Sonne und geht zuletzt rund 40 Minuten nach ihr unter.

MARS zieht am 21.7. südlich der Plejaden vorbei und rückt langsam näher an Jupiter heran.

JUPITER geht zuletzt mehr als 4 Stunden vor der Sonne auf und ist strahlender Glanzpunkt am Morgenhimmel.

SATURN bewegt sich nun langsam westwärts durch das Sternbild Wassermann, wo er als Objekt der nullten Größe leicht zu finden ist.

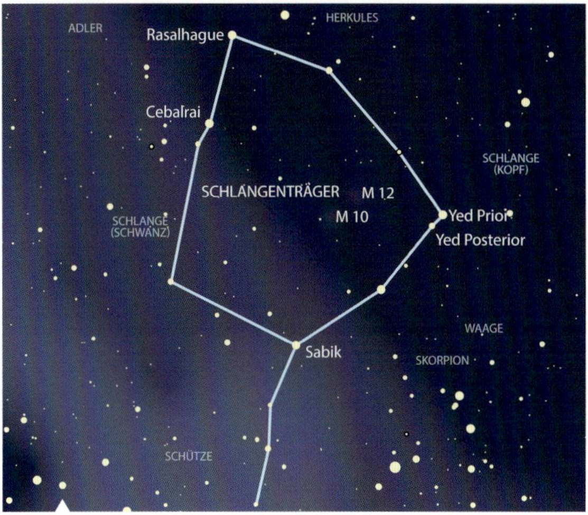

Das Sternbild Schlangenträger, das flächenmäßig den 11. Rang unter allen Sternbildern einnimmt, enthält nur wenige hellere Sterne.

DAS STERNBILD SCHLANGENTRÄGER

Der Schlangenträger gehört zu den größeren Figuren am Himmel, ist aber nicht besonders auffällig, da die fünf hellsten Sterne der zweiten Größenklasse keine markante Formation bilden: Gemeinsam mit den Sternen der dritten Größe ergeben sie bestenfalls ein lang gestrecktes Oval, das die Umrisse eines menschlichen Rumpfes nachzeichnet. Dabei steht der hellste Stern Rasalhague („Kopf des Riesen") an der oberen Spitze. Links darunter zeigt ein lichtstarkes Fernglas zwei Doppelsternpaare (67 und 72) sowie den offenen Sternhaufen IC 4665 mit rund 20 Sternen ab der 7. Größenklasse, während weiter rechts zwei Kugelsternhaufen als neblige Flecken zu finden sind.

DREIZEHNTES EKLIPTIKSTERNBILD

Vor rund 100 Jahren wurden die bis dahin unscharfen Grenzen der Sternbilder durch die Internationale Astronomische Union klar definiert. Seither steht fest, dass ein Teil des Himmels zwischen Skorpion und Schütze noch zum Schlangenträger gehört und die Ekliptik daher auch durch den Schlangenträger als 13. Sternbild verläuft. Sein Anteil am Tierkreis ist mit rund 18 Grad fast dreimal so lang wie der des benachbarten Skorpions – was die Astrologen allerdings konsequent ignorieren.

Sterne und Sternbilder

DER STERNHIMMEL IM JULI

Wenn es zu später Stunde dunkel genug ist, haben Herkules und Schlangenträger, die beiden Großfiguren am Frühsommerhimmel, die Nord-Süd-Linie erreicht und bereits teilweise überschritten. Tief im Süden leuchtet der rötliche Antares, der seine Höchststellung schon hinter sich hat und bald wieder im Horizontdunst verblasst. Hoch am Himmel steuert dagegen der viereckige Kopf des Drachen dem Zenit entgegen. Er schlängelt sich von dort aus – größtenteils außerhalb der Karte – in weitem Bogen um den Polarstern im Norden herum.

KOPF AN KOPF

Die beiden Riesen ziehen gleichsam Kopf an Kopf über den Himmel: Herkules, der obere von beiden, auffällig auf dem Kopf stehend, der Schlangenträger darunter aufrecht gehend. Während sich die Figur des Herkules aus mehreren, von nicht allzu hellen Sternen geformten unregelmäßigen Vierecken zusammenfügt, erscheint der Schlangenträger wie ein großes, aufrechtes Sternoval. Beide Sternbilder enthalten einige kugelförmige Sternhaufen, die im Fernglas wie verwaschene Lichtfleckchen erscheinen: M 10 und M 12 im Schlangenträger (siehe auch Seite 59), M 13 und M 92 im Herkules.

PERFEKTES PARALLELOGRAMM

Die beiden östlichen Ausläufer des Herkules zeigen auf das Sternbild Leier, das zwar vergleichsweise klein, aber leicht zu erkennen ist: Vier seiner Sterne bilden ein fast perfektes Parallelogramm, dessen lange Seiten rund doppelt so lang sind (etwa 4 Grad) wie die kurzen (etwa 2 Grad). Hinzu kommt die helle Wega, die wiederum 2 Grad außerhalb des Parallelogramms die Blicke auf diese Himmelsgegend lenkt.

EIN AUGENPRÜFER

Wer gute Augen hat, sollte auch einmal nach dem Sternenpaar $\varepsilon_{1,2}$ Ausschau halten, das gut 1,5 Grad neben Wega zu finden ist; dort stehen zwei annähernd gleich helle Sterne im Abstand von knapp 3,5 Bogenminuten oder einem Zehntel Vollmonddurchmesser nebeneinander.

M 13 im Herkules erscheint im Fernglas als nebliges Fleckchen.

AUG

Was sich am Himmel tut

Tag	abends / nachts / morgens	Mondphase	Aufgang / Untergang
Schweizer Bundesfeier 1 Do			01:52 19:51
2 Fr			02:52 20:34
3 Sa			04:04 21:04
4 So	4^h Mars 5° nördlich von Aldebaran	NM	13:13 05:19 21:27
5 Mo			06:34 21:43
6 Di			07:47 21:56
7 Mi			08:57 22:08
8 Do			10:05 22:19
9 Fr	3^h Mond im absteigenden Knoten 4^h Mond in Erdferne (405.298 km)		11:13 22:30
10 Sa	22^h Mond 4° südöstl. von Spica		12:21 22:42
11 So			13:32 22:57
12 Mo	Perseiden-Meteorstrom im Maximum	EV	17:19 14:45 23:16
13 Di	22^h Mond 5° westlich von Antares		16:00 23:42
14 Mi	5^h Mars 0,4° nordwestl. von Jupiter 22^h Mond 8° östlich von Antares		17:14 --
Liechtenstein. Staatsfeiertag 15 Do	2^h Mars 0,4° nordöstl. von Jupiter		18:21 00:18

Merkur Venus Mars Jupiter Saturn Mond

	abends / nachts / morgens	Mondphase	Aufgang / Untergang
16 Fr			19:15 01:11
17 Sa			19:56 02:21
18 So			20:25 03:45
19 Mo	Merkur in unterer Konjunktion	VM	20:26 20:47 05:15
20 Di			21:04 06:46
21 Mi	6h **Mond bedeckt Saturn** 7h Mond in Erdnähe (360.199 km)		21:20 08:16
22 Do	12h Mond im aufsteigenden Knoten		21:35 09:44
23 Fr			21:50 11:12
24 Sa	Venus wechselt ins Sternbild Jungfrau		22:08 12:39
25 So			22:32 14:06
26 Mo	5h Mond 0,5° südlich von Alcyone	LV	11:26 23:04 15:31
27 Di	5h Mond 7° nordwestl. von Jupiter		23:47 16:46
28 Mi	2h Mond 9° nordöstl. von Jupiter und 5° nördlich von Mars		-- 17:49
29 Do			00:44 18:35
30 Fr	3h Mond 3° südwestl. von Pollux		01:52 19:09
31 Sa			03:06 19:33

AUG

Sonne und Planeten

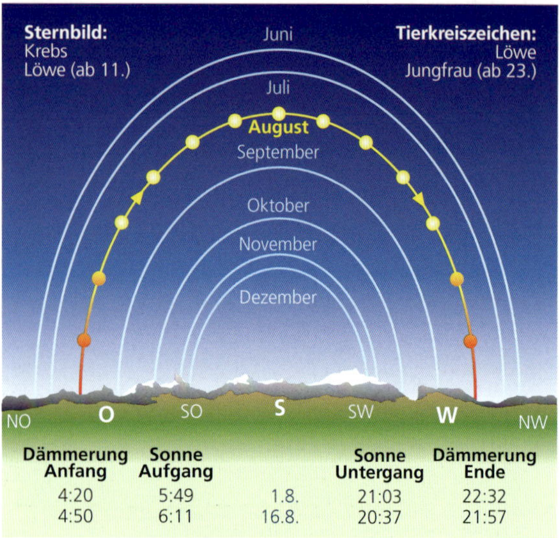

Die **SONNE** wandert zunächst durch das Sternbild Krebs und erreicht am 11.8. den Löwen; am 23.8. wechselt sie in das Tierkreiszeichen Jungfrau. Die Mittagshöhe nimmt von 58° auf 48° ab, die Länge des lichten Tages entsprechend von 15:14 Stunden auf 13:33 Stunden.

MERKUR zieht am 19.8. auf der Innenbahn an der Erde vorbei, steht in unterer Konjunktion und bleibt unsichtbar mit der Sonne am Taghimmel.

VENUS rückt langsam weiter von der Sonne ab, kann ihre Sichtbarkeitsbedingungen aber kaum verbessern.

MARS passiert am 4.8. den ebenfalls rötlichen Aldebaran und zieht zur Monatsmitte nördlich an Jupiter vorbei.

JUPITER erhält Mitte des Monats Besuch von Mars und verlagert seinen Aufgang zuletzt in die Stunde vor Mitternacht.

Saturn wird am 21.8. vom Mond bedeckt, was in der zunehmenden Morgendämmerung verfolgt werden kann.

Die Perseiden scheinen alle aus dem Sternbild Perseus zu kommen. Diesen scheinbaren Ursprungsort nennt man Radiant.

DIE PERSEIDEN KOMMEN

Alljährlich um den 12./13. August herum erreicht der Perseiden-Meteorstrom seinen Höhepunkt. Die Staubteilchen, die dann in der Erdatmosphäre verglühen, stammen vom Kometen Swift-Tuttle, der bei seiner vorletzten Annäherung an die Sonne im Jahre 1862 entdeckt wurde. Er bewegt sich gegenläufig um die Sonne und seine Bahn kreuzt die Erdbahn unter einem steilen Winkel unweit des sonnennächsten Bahnpunktes. So treffen die Staubkörner mit hoher Geschwindigkeit frontal „von vorne" (und das heißt, vorwiegend in der zweiten Nachthälfte und am Vormittag) auf die Erde. Weil sie dabei aus dem Sternbild Perseus zu kommen scheinen, werden sie als Perseiden bezeichnet.

KEIN ECHTES FEUERWERK

Der zunehmende Mond verschwindet vor Mitternacht hinter dem Horizont und so ist es dieses Jahr in der zweiten Nachthälfte dunkel genug, um über längere Zeit etliche Perseiden erleben zu können. Das Sternbild Perseus steigt dann im Nordosten stetig höher, womit dann auch die Wahrscheinlichkeit zunimmt, die sehr schnell über den Himmel huschenden Leuchtspuren zu erkennen – mit oft frustrierend langen Pausen zwischen den einzelnen Lichtblitzen. Hier ist Geduld gefordert!

Sterne und Sternbilder

DER STERNHIMMEL IM AUGUST

Inzwischen ist die Mittagshöhe der Sonne so weit zurück gegangen, dass die Länge des lichten Tages unter 14 Stunden sinkt und es wieder entsprechend früher dunkel wird. So brauchen wir nicht mehr so lange zu warten, bis die Sternbilder am Himmel zu erkennen sind: Zur Monatsmitte gegen 22 Uhr MESZ (am Monatsanfang eine Stunde später) hat die helle Wega die Nord-Süd-Linie und damit ihre Höchststellung am Himmel fast erreicht.

WENDEKREIS DER TEEKANNE

Herkules und Schlangenträger haben unterdessen mit dem Abstieg begonnen und der Skorpion mit dem rötlichen Antares neigt sich im Südwesten bereits dem Untergang zu. Tief über dem Südhorizont erkennt man jetzt den nördlichen Teil des Schützen, der an die Umrisse einer Teekanne erinnert. Er enthält den südlichsten Punkt der Ekliptik, der vor 2000 Jahren im Sternbild Steinbock lag und deshalb heute noch als „Wendekreis des Steinbocks" bezeichnet wird. Ihm folgen ostwärts der Steinbock und der Wassermann, die aufgrund der dort wieder „ansteigenden" Ekliptik und des jeweils längeren Tagbogens schon aufgegangen sind.

DAS SOMMERDREIECK

Höher am Südosthimmel fällt der Blick auf drei deutlich hellere Sterne, die allerdings zu verschiedenen Figuren gehören. Die rechte „Flanke" des Steinbocks weist in der Verlängerung nach oben auf Atair, den Hauptstern im Adler, der von zwei Wächtersternen begleitet wird; sie stehen zwar nicht ganz so gleichmäßig auf einer geraden Linie wie die drei Gürtelsterne des Orion, wecken aber Erinnerungen an den Winterhimmel. Richtung Zenit strahlt die helle Wega, Hauptstern in der Leier, und nicht ganz so hoch im Osten ist Deneb, der Hauptstern im Schwan, der dritte im Bunde.
Damit enthält der Sommerhimmel zwar nicht annähernd so viele Glanzpunkte wie der Winterhimmel, aber für einen markanten Asterismus, das sogenannte Sommerdreieck aus Atair, Wega und Deneb, reicht es immer noch.

NICHT VERPASSEN!

Am Morgen des 21.8. bedeckt der noch fast volle Mond für eine knappe Stunde den Ringplaneten Saturn. Während es zu Beginn (gegen 5:30 Uhr MESZ) noch dunkel genug ist, dass man den Saturn mit einem Fernglas neben dem Mond erkennen kann, ist die Sonne eine Stunde später bereits aufgegangen und so wird das Wiederauftauchen des Ringplaneten wohl nur mit einem Fernrohr zu beobachten sein.

SEP

Was sich am Himmel tut

	abends / nachts / morgens	Mondphase	Aufgang / Untergang
1 So			04:21 19:50
2 Mo			05:35 20:04
3 Di			NM 03:55 06:45 20:16
4 Mi			07:54 20:27
5 Do	Mars wechselt in die Zwillinge, Merkur in gr. westl. Elong. (18,1°), 8^h Mond im abst. Knoten, 17^h Mond in Erdf. (406 215 km)		09:02 20:38
6 Fr			10:10 20:49
7 Sa			11:20 21:03
8 So	Saturn in Opposition		12:31 21:20
9 Mo	5^h Merkur 0,5° nördlich von Regulus Merkur im sonnennächsten Bahnpunkt (46 Mio. km)		13:45 21:42
10 Di	21^h Mond 3° südöstl. von Antares		14:58 22:13
11 Mi			EV 08:06 16:07 22:57
12 Do	Mars in nördlichster Deklination		17:05 23:58
13 Fr			17:51 --
14 Sa			18:24 01:14
15 So			18:48 02:40

Merkur Venus Mars Jupiter Saturn Mond

	abends / nachts / morgens	Mondphase	Aufgang Untergang
16 Mo			19:08 04:10
17 Di	5^h Mond 5° südwestl. von Saturn 20^h Mond 5° östlich von Saturn		19:24 05:41
18 Mi	5^h Größter Vollmond des Jahres (0,56°) Part. Mondfinsternis, 15^h Mond in Erdnähe (357.284 km), 22^h Mond im aufst. Knoten	VM	04:34 19:39 07:11
19 Do			19:54 08:41
20 Fr			20:11 10:12
21 Sa			20:33 11:43
Herbstanfang 22 So	6^h Mond 4° westl. von Alcyone, 14^h44^m Sonne im Herbstpunkt, Herbst-Tagundnachtgleiche, 22^h Mond 6° östl. v. Alcyone		21:03 13:12
23 Mo	23^h Mond 5° nördlich von Jupiter		21:43 14:34
24 Di		LV	20:50 22:36 15:44
25 Mi			23:42 16:35
26 Do	6^h Mond 4° westlich von Pollux		-- 17:13
27 Fr	2^h Mond 8° südöstl. von Pollux		00:55 17:39
28 Sa			02:10 17:58
29 So	Venus wechselt ins Sternbild Waage 5^h Mond 4° nördlich von Regulus		03:24 18:13
30 Mo	Merkur in oberer Konjunktion		04:35 18:25

Sonne und Planeten

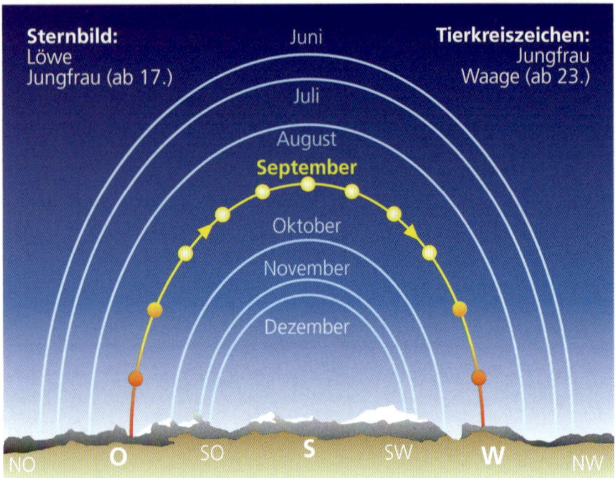

Dämmerung Anfang	Sonne Aufgang		Sonne Untergang	Dämmerung Ende
5:20	6:35	1.9.	20:04	21:18
5:46	6:57	16.9.	19:31	20:43

Die **SONNE** wandert durch das Sternbild Löwe und erreicht am 17.9. die Jungfrau; am 23.9. wechselt sie in das Tierkreiszeichen Waage. Die Mittagshöhe nimmt von 48° auf 37° ab, die Länge des lichten Tages von 13:29 Stunden auf 11:42 Stunden.

MERKUR steht am 5.9. in größter westlicher Elongation und ist in der ersten Monatshälfte am Morgenhimmel zu finden, ehe er wieder im Glanz der Sonne verschwindet.

VENUS geht zuletzt fast eine Stunde nach der Sonne unter und sollte allmählich tief über dem Südwesthorizont erspäht werden können.

MARS durchläuft jetzt den nördlichsten Teil der Ekliptik und geht zuletzt in der Stunde vor Mitternacht auf.

JUPITER bremst seine ostwärts gerichtete Bewegung durch den Stier allmählich ab.

SATURN steht am 8.9. in Opposition zur Sonne und kann dann die ganze Nacht über beobachtet werden.

Der Ringplanet Saturn, aufgenommen vom Hubble-Weltraumteleskop. Die Größe seiner Ringöffnung beeinflusst, wie hell wir ihn am Himmel sehen.

SATURN IN OPPOSITION

Am 8.9. erreicht der „klassische" Ringplanet Saturn seine diesjährige Opposition im Sternbild Wassermann. An diesem Tag überholt die Erde den zweitgrößten Planeten im Sonnensystem auf der Innenbahn und kommt dabei bis auf knapp 1,3 Milliarden Kilometer an ihn heran. Saturn selbst befindet sich derzeit etwa in seiner „mittleren" Entfernung zur Sonne (1,446 Milliarden Kilometer), also in jener Distanz, die bei einer kreisförmigen Umlaufbahn die gleiche Umlaufzeit hätte wie die reale elliptische Bahn. In gut acht Jahren, bei der Perihel-Opposition des Saturns am 25.12.2032, kommen sich beide Planeten rund 100 Millionen Kilometer näher und Saturn erscheint dann um eine ganze Größenklasse heller als in diesem Jahr.

RINGÖFFNUNG BEEINFLUSST HELLIGKEIT

Das allerdings liegt nicht nur an der kleineren Entfernung, sondern auch an der dann wieder deutlich größeren Ringöffnung, als sie es gegenwärtig ist: Während wir derzeit fast auf die Kante der Ringe blicken und ihre Fläche daher perspektivisch stark verkleinert erscheint, fällt der Blick in acht Jahren auf die weit geöffnete Unterseite der Ringe, die entsprechend deutlich mehr Licht reflektiert.

West
Nördl. Krone
Schlange
Herkules
Schlangenträger
Drache
Wega
Schlange
Leier
Albireo
Adler
Schwan
Pfeil
Schütze
Algedi
Atair
ZENIT
Kepheus
Süd
Deneb
Delfin
Steinbock
Wassermann
Saturn
Andromeda
M 31
Pegasus
Walfisch
Fische
Ost

DER STERNHIMMEL IM SEPTEMBER
Hoch am Südhimmel, unweit des Zenits, kreuzt der Schwan mit seinen ausgebreiteten Schwingen zur gewohnten Beobachtungszeit (22 Uhr MESZ zur Monatsmitte) gerade die Nord-Süd-Linie und gleitet scheinbar mühelos entlang der Milchstraße, geradewegs zwischen Wega und Atair hindurch Richtung Südwesten. Natürlich täuscht der Eindruck, weil die Positionen der Sternbilder untereinander sich durch die Drehung der Erde unter dem Himmel nicht verändern.

ANKER ODER SONNENSCHIRM?
Tatsächlich gehört der Schwan zu den Sternbildern, die sich ohne allzu viel Fantasie mit ihren natürlichen Vorbildern oder Namensgebern zur Deckung bringen lassen. Das gilt auch für den kleinen Pfeil zwischen Schwan und Adler, der dort ostwärts in Richtung Pegasus fliegt. Dagegen erscheint der Adler darunter eher wie die Umrisse eines verbogenen Ankers auf der Hafenmole oder wie ein abgelegter, aufgespannter Sonnenschirm am Strand. Schwierig ist es auch, im Sternparallelogramm der Leier ein solches Musikinstrument zu erkennen, selbst dann, wenn die „Ur-Leier" mutmaßlich ein mit Saiten bespannter Schildkrötenpanzer war.

DELFIN UND PEGASUS
Links von Adler und Pfeil gleitet ein kleiner Delfin durch die Wellen des Meeres. Fast scheint es so, als müsse er sich vor dem nachfolgenden geflügelten Ross Pegasus hüten, das kopfüber am Himmel entlang zieht. Doch die Nachbarschaft beider Figuren ist weder räumlich noch zeitlich zu sehen, stammen beide doch aus ganz unterschiedlichen Sagenkreisen: Während ein Delfin den griechischen Sänger Arion von Lesbos vor dem Ertrinken rettete, weil er von dessen Gesang betört war, entsprang das geflügelte Ross Pegasus der todbringenden Medusa, nachdem Perseus ihr das Haupt abgeschlagen hatte.

NICHT VERPASSEN!
Am frühen Morgen des 18.9. steht der größte Vollmond des Jahres am westlichen Himmel: Seine Entfernung zum Betrachter schrumpft auf gut 355.000 Kilometer und er erscheint uns dann unter einem Winkel von 33,4 Bogenminuten. Und während im März der kleinste Neumond des Jahres mit einer (ringförmigen) Sonnenfinsternis verknüpft war, streift der größte Vollmond des Jahres den Schatten der Erde, was zu einer kleinen partiellen Mondfinsternis zwischen 4:10 Uhr und 5:20 Uhr MESZ führt.

Was sich am Himmel tut

	abends · nachts · morgens	Mond-phase	Aufgang Untergang
1 Di			05:44 18:36
2 Mi	14h Mond im abst. Knoten, 21h Ringförmige Sonnenfinsternis (bei uns nicht sichtbar), 22h Mond in größter Erdferne (406 517 km)	NM 20:49	06:52 18:47
Tag der dtsch. Einheit 3 Do			08:00 18:58
4 Fr			09:09 19:11
5 Sa			10:20 19:26
6 So			11:33 19:46
7 Mo			12:46 20:14
8 Di			13:56 20:52
9 Mi	Jupiter beginnt Oppositionsschleife		14:57 21:46
10 Do		EV 20:55	15:47 22:54
11 Fr			16:23 --
12 Sa			16:50 00:13
13 So			17:11 01:39
14 Mo	20h Mond 1° südl. von Saturn		17:27 03:07
15 Di			17:43 04:35

Merkur · Venus · Mars · Jupiter · Saturn · Mond

	abends nachts morgens	Mondphase	Aufgang Untergang
16 Mi	9h Mond im aufsteigenden Knoten		17:57 06:04
17 Do	Venus wechselt ins Sternbild Skorpion 3h Mond in Erdnähe (357.173 km)	VM	13:26 18:13 07:35
18 Fr			18:33 09:07
19 Sa	22h Mond 1° südlich von Alcyone		18:59 10:40
20 So			19:36 12:09
21 Mo	Orioniden-Meteorstrom im Maximum 7h Mond 6° nördlich von Jupiter 22h Mond 9° nordöstl. von Jupiter		20:25 13:28
22 Di			21:29 14:29
23 Mi	7h Mond 7° westlich von Pollux, 24h Mond 4° südöstl. von Pollux, Merkur im sonnenfernsten Bahnpunkt (69,8 Mio. km)		22:41 15:13
24 Do	Venus wechselt ins Sternbild Schlangenträger 1h Mond 4° nördlich von Mars	LV	10:03 23:58 15:43
25 Fr			-- 16:04
Österreich. Nationalfeiert. 26 Sa			01:13 16:20
27 So	3h Ende der Sommerzeit (3h MESZ = 2h MEZ) 2h Mond 6° östlich von Regulus		02:24 15:34
28 Mo			02:34 15:45
29 Di	Mars wechselt ins Sternbild Krebs 19h Mond im absteigenden Knoten 24h Mond in Erdferne (406.164 km)		03:42 15:56
30 Mi			04:50 16:06
Reformationstag 31 Do			05:58 16:18

OKT Sonne und Planeten

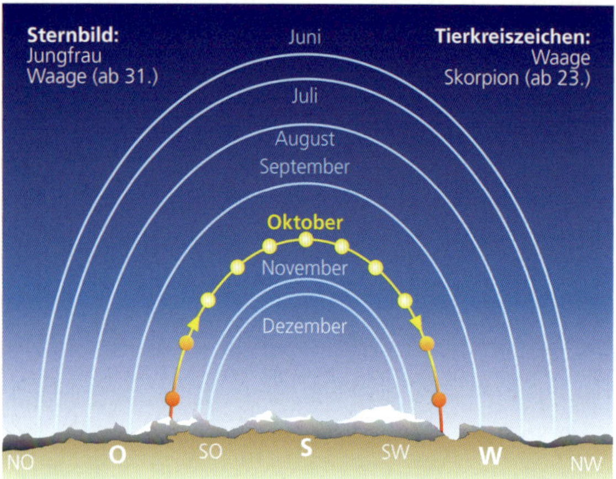

Dämmerung Anfang	Sonne Aufgang		Sonne Untergang	Dämmerung Ende
6:10	7:20	1.10.	18:59	20:08
6:33	7:43	16.10.	18:27	19:37

Die **SONNE** wandert zunächst durch die Jungfrau und erreicht am 31.10. die Waage; bereits am 23.10. wechselt sie in das Tierkreiszeichen Skorpion. Die Mittagshöhe nimmt von 37° auf 26° ab, die Länge des lichten Tages entsprechend von 11:39 Stunden auf 9:50 Stunden.

MERKUR zieht seine Bahn jenseits der Sonne und bleibt in diesem Monat unsichtbar.

VENUS geht am Monatsende immerhin rund 1,5 Stunden nach der Sonne unter, kann aber nur bei einem freien Blick bis zum Horizont gefunden werden.

MARS eilt ostwärts durch das Sternbild Zwillinge und wird dabei zunehmend heller.

JUPITER beginnt am 9.10. mit seiner Oppositionsschleife, die ihn wieder auf Aldebaran zuführt.

SATURN wandert weiter langsam westwärts durch das Sternbild Wassermann und ist in dieser Region das hellste Himmelsobjekt.

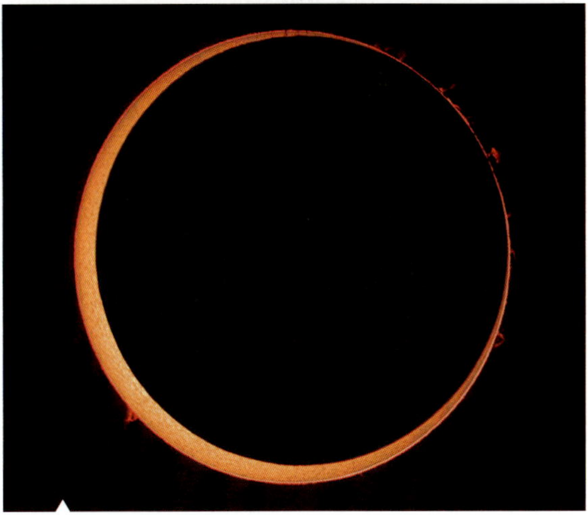

Wie von einem Feuerring umgeben erscheint der Mond bei einer ringförmigen Sonnenfinsternis, wie hier am 3.10.2005.

MOND IN GRÖSSTER ERDFERNE

Dass der Mond die Erde nicht auf einer Kreisbahn umrundet, dürfte mittlerweile bekannt sein. In den letzten Jahren wurden jedenfalls vor allem in den Boulevard-Blättern immer wieder angebliche Supermonde angekündigt, wenn der Vollmond der Erde besonders nahe kommen und entsprechend groß erscheinen sollte. Aber es gibt natürlich auch das Gegenteil, nämlich wenn der Mond gerade im erdfernsten Punkt seiner Bahn steht und dann besonders klein erscheint. In diesem Jahr ist dies am 2.10. der Fall, wenn der Mond bis auf etwas mehr als 406.500 Kilometer von der Erde abrückt – leider unweit der Neumondstellung, sodass man ihn eigentlich nicht beobachten kann.

RINGFÖRMIGE SONNENFINSTERNIS

Diesmal aber schiebt sich der erdferne Neumond für Beobachter im südlichen Südamerika vor die Sonne, was dort zu einer ringförmigen Finsternis von immerhin noch rund 6,5 Minuten Dauer führt: In Erdferne ist der Mond zu klein, um die Sonne vollständig abzudecken. Bei der längsten ringförmigen Sonnenfinsternis des Jahrhunderts (mehr als 11 Minuten am 15.1.2010) stand der Mond zwar rund 500 Kilometer näher, aber auch die Sonne war Anfang Januar um einiges größer als jetzt.

West
Schlangen-
träger
Herkules
Wega
Leier
Schlange
Schütze
Adler
Pfeil
Schwan
Atair
Algedi
Delfin
Steinbock
Deneb
Kepheus
Wasser-
mann
ZENIT
Südl. Fisch
Süd
Saturn
Fomalhaut
Kassiopeia
Pegasus
M 31
Andromeda
Fische
Walfisch
Dreieck
Widder
Ost

DER STERNHIMMEL IM OKTOBER

Bis zur gewohnten Beobachtungszeit (am Monatsanfang gegen 23 Uhr MESZ, zur Monatsmitte eine Stunde früher) haben die typischen Sommersternbilder die Nord-Süd-Linie längst überquert und sich damit auf die westliche Himmelshälfte zurückgezogen. Im Westen ist der Schlangenträger bereits teilweise untergegangen und auch vom Rinderhirten ragt – außerhalb der Karte – nur noch die Spitze über den Horizont. Dafür passiert der Kepheus am Nordhimmel unweit des Zenits seine obere Kulmination.

AUFMARSCH DER FEUCHTGEBIETE

Über dem Südhorizont eröffnen jetzt der Steinbock und der Wassermann die Prozession der himmlischen Feuchtgebiete. Hier fühlt sich der Südliche Fisch mit Fomalhaut richtig wohl; der Name stammt aus dem Arabischen und bedeutet „Maul des Fisches“. Fomalhaut gehört zwar zur ersten Größenklasse, doch wird das – bei uns ziemlich schräg auftreffende – Licht auf dem langen Weg durch die Atmosphäre deutlich geschwächt. Dies wird besonders deutlich beim Vergleich mit Wega, die etwa gleich weit entfernt ist (rund 25 Lichtjahre) und wegen ihrer größeren Masse etwa doppelt so viel Licht aussendet wie Fomalhaut.

SATURN ALS WEGWEISER

Wer übrigens Schwierigkeiten hat, Fomalhaut im Horizontdunst zu finden, kann sich in diesem Wochen mit Hilfe von Saturn und dem Sternbild Pegasus langsam anschleichen: Dazu nehme man zunächst die beiden rechten Eckpunkte des Pegasusquadrats und verlängere ihre Verbindung nach unten Richtung Horizont. Dabei kommt man zunächst unweit von Saturn vorbei; knapp die gleiche Strecke noch einmal weiter nach unten trifft man auf Fomalhaut.

DAS HERBSTVIERECK

Im Südosten steigen unterdessen die Fische und der Walfisch empor, ebenfalls Bewohner der himmlischen Feuchtgebiete. Beide Figuren sind am Himmel nicht leicht zu identifizieren, weil sie kaum oder gar keine helleren Sterne enthalten; am deutlichsten zeichnet sich noch die Ellipse des westlichen Fisches ab, die unterhalb des Herbstvierecks zu finden ist. Dieses wiederum setzt sich aus drei helleren Rumpf-Sternen des Pegasus sowie dem westlichen Ende der Andromedasternkette zusammen. Der zweite Fisch unterhalb der Andromeda ist dagegen kaum zu erkennen – was aber in der Realität kaum anders ist ...

Was sich am Himmel tut

	abends · nachts · morgens	Mondphase	Aufgang / Untergang
Allerheiligen 1 Fr		NM 13:47	07:09 16:33
2 Sa	früheste Mittagsstellung der Sonne (12ʰ04ᵐ)		08:22 16:52
3 So			09:36 17:17
4 Mo			10:47 17:53
5 Di			11:52 18:41
6 Mi			12:44 19:44
7 Do			13:24 20:59
8 Fr			13:53 22:20
9 Sa	Venus wechselt ins Sternbild Schütze	EV 06:56	14:14 23:45
10 So			14:32 --
11 Mo	0ʰ Mond 2° südwestl. von Saturn		14:47 01:09
12 Di	17ʰ Mond im aufsteigenden Knoten		15:01 02:33
13 Mi			15:16 04:00
14 Do	12ʰ Mond in Erdnähe (360.110 km)		15:34 05:30
15 Fr		VM 22:29	15:56 07:01

Merkur · Venus · Mars · Jupiter · Saturn · Mond

	abends nachts morgens	Mond-phase	Aufgang Untergang
16 Sa	Merkur in gr. östl. Elongation (22,5°) 7h Mond 2° südwestl. von Alcyone		16:27 08:34
17 So	Leoniden-Meteorstrom im Maximum, 6h Mond 8° nordwestl. von Jupiter 19h Mond 6° nordöstl. von Jupiter		17:11 10:00
18 Mo			18:09 11:12
19 Di			19:21 12:05
Buß- u. Bettag 20 Mi	2h Mond 2° südlich von Pollux 22h Mond 2° nördlich von Mars		20:39 12:42
21 Do			21:57 13:08
22 Fr			23:11 13:26
23 Sa	0h Mond 2° nördlich von Regulus	LV	02:28 -- 13:41
Totensonntag 24 So			00:22 13:52
25 Mo	23h Mond im absteigenden Knoten		01:31 14:03
26 Di	13h Mond in Erdferne (405.315 km)		02:38 14:14
27 Mi	7h Mond 3° westlich von Spica		03:46 14:26
28 Do			04:56 14:40
29 Fr			06:08 14:57
30 Sa			07:22 15:20

Sonne und Planeten

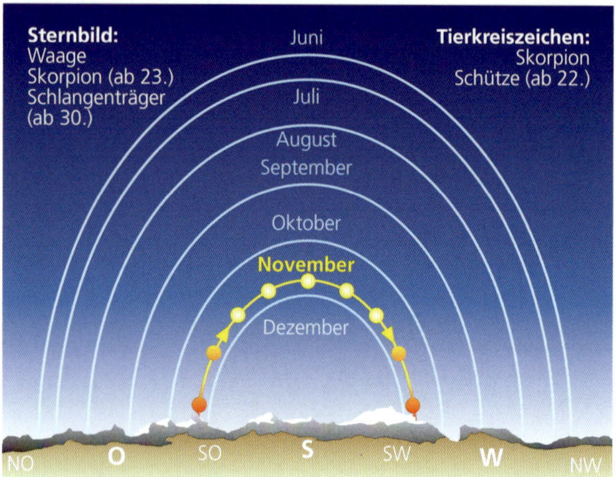

Dämmerung Anfang	Sonne Aufgang		Sonne Untergang	Dämmerung Ende
5:57	7:10	1.11.	16:57	18:09
6:19	7:34	16.11.	16:35	17:50

Die **SONNE** wandert durch das Sternbild Waage, erreicht am 23.11. den Skorpion und wechselt am 30.11. in den Schlangenträger; bereits am 22.11. wechselt sie in das Tierkreiszeichen Schütze. Die Mittagshöhe nimmt von 25° auf 18° ab, die Länge des lichten Tages von 9:47 Stunden auf 8:28 Stunden.

MERKUR steht am 16.11. in größter östlicher Elongation, geht aber bereits 50 Minuten nach der Sonne unter und bleibt unsichtbar.

VENUS rückt bis auf 43° von der Sonne ab und wird allmählich zum Glanzpunkt des Abendhimmels.

MARS geht zuletzt schon mehr als drei Stunden vor Mitternacht auf und leuchtet jetzt heller als Arktur.

JUPITER bewegt sich langsam rückläufig durch das Sternbild Stier und nähert sich seiner Oppositionsstellung.

SATURN beendet am 15.11. seine Oppositionsschleife und zieht sich aus der zweiten Nachthälfte zurück.

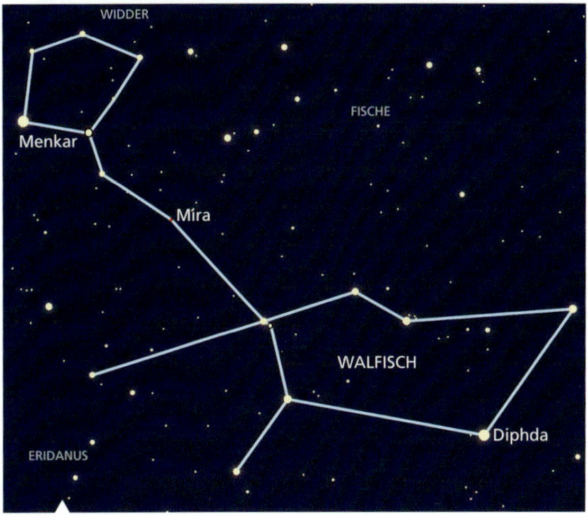

Dem schrecklichen Seeungeheuer, das im Sternbild Walfisch verkörpert ist, sollte laut antiker Sage die schöne Andromeda geopfert werden.

DAS STERNBILD WALFISCH

Das bereits bei den Griechen des klassischen Altertums bekannte Sternbild trägt heute einen zoologisch nicht korrekten Namen, denn der Wal ist kein Fisch, sondern ein Säugetier. Ursprünglich war damit ein Meeresungeheuer gemeint, ein Fantasiewesen also, das in der Andromeda-Sage eine Rolle spielte. Fantasie braucht man allerdings auch heute noch, um in der Anordnung der Sterne eine solche Gestalt zu erkennen. Vor allem der längliche Hals, auf dem ein ovaler Kopf sitzt, passt so gar nicht zu einem Wal …

WUNDERSAME MIRA

Die beiden Sterne zweiter Größe, Diphda und Menkar, stehen ziemlich einsam und weit auseinander am an hellen Sternen ohnehin armen Herbsthimmel. Berühmt ist der Walfisch aber wegen des Sterns ο Ceti (genannt Mira), einem veränderlichen Stern im Halsbereich, der etwa alle elf Monate für etliche Wochen hell genug wird, um leicht mit bloßem Auge gefunden werden zu können – was 1596 erstmals von David Fabricius beschrieben wurde. In diesem Jahr erreichte Mira ihre größte Helligkeit bereits im Juni und ist mittlerweile wieder so lichtschwach, dass sie nur noch mit einem Fernglas gefunden werden kann.

West
Adler
Pfeil
Atair
Schwan
Delfin
Algedi
Deneb
Wasser-
mann
Steinbock
Saturn
Südl. Fisch
Fomalhaut
Kepheus
Pegasus
Süd
ZENIT
M 31
Kassiopeia
Andromeda
Fische
Walfisch
Dreieck
Widder
Perseus
Plejaden
Stier
Hyaden
Eridanus
Fuhrmann
Jupiter
Aldebaran
Orion
Rigel
Beteigeuze
Ost

DER STERNHIMMEL IM NOVEMBER

Nach dem Ende der Sommerzeit können wir wieder zu „normalen" Zeiten den Sternhimmel beobachten, wobei es im Winterhalbjahr ja auch schon früher dunkel genug dafür ist. Aber mit dem täglich früheren Dämmerungsende verändert sich der erste abendliche Eindruck vom Himmel langsamer als gewohnt, denn die Sterne gehen zwar jeden Tag rund vier Minuten früher auf oder unter, aber derzeit wird es auch jeden Tag rund 1,5 Minuten früher dunkel. So kann man in den Stunden vor der gewohnten Beobachtungszeit (gegen 21 Uhr MESZ zur Monatsmitte, am Monatsanfang eine Stunde später) noch die Karten der Vormonate zur Orientierung verwenden (siehe Seite 7).

DAS HERBSTVIERECK

Dann aber wird der Südhimmel vom großen Herbstviereck dominiert, das die Nord-Süd-Linie gerade überschritten hat. Mit ein bisschen Fantasie kann man darin die Umrisse des Pferderumpfes erkennen, von dem rechts unten der lange Hals mit dem nach oben abgewinkelten Kopf ausgeht (das geflügelte Ross Pegasus zieht bekanntlich kopfüber am Himmel entlang!). Oben rechts zeigen die angedeuteten, gestreckten Vorderläufe in Richtung Schwan, oben links schließt sich die Lichterkette der Andromeda an, wo eigentlich die Hinterläufe des Pferdes zu erwarten wären.

ABGEWORFEN

Pegasus fliegt der griechischen Sage nach kopfüber, weil er den übermütigen Sänger Bellerophon abwerfen wollte, als dieser versuchte, mithilfe des geflügelten Rosses in den Olymp der Götter vorzudringen.

Man könnte allerdings auch vermuten, dass er unter sich, zwischen Rumpf und Horizont, ohnehin keinen Halt gefunden hätte: Dort bilden Wassermann und Südlicher Fisch, der Walfisch und die Fische sowie – im Südosten aufgehend – der Fluss Eridanus eine zusammenhängende Region himmlischer Feuchtgebiete.

VORBOTEN DES WINTERS

Während am Westhimmel die Sommerfiguren allmählich verschwinden, zeigen sich im Osten die Vorboten des Winterhimmels: Unweit vom Zenit strebt die Kassiopeia, das Himmels-W, ihrer Höchststellung entgegen, gefolgt von Perseus, der ihre Tochter vor dem Meeresungeheuer gerettet hat. Darunter ist der Stier mit den Plejaden und dem rötlichen Aldebaran zu erkennen und der Himmelsjäger Orion steigt gerade über den Horizont – gleichsam als Reminiszenz an die regelmäßig wiederkehrende Regenzeit auf Erden.

Was sich am Himmel tut

	abends – nachts – morgens	Mondphase	Aufgang Untergang
1. Advent 1 So		NM 07:21	08:35 15:53
2 Mo			09:44 16:37
3 Di			10:40 17:37
4 Mi	18^h Mond 1° südwestl. von Venus		11:24 18:49
5 Do	18^h Mond 9° östlich von Venus		11:56 20:09
Nikolaus 6 Fr	Merkur in unterer Konjunktion, Merkur im sonnennächsten Bahnpunkt (46 Mio. km), Venus wechselt ins Sternbild Steinbock		12:19 21:32
7 Sa	Mars beginnt Oppositionsschleife Jupiter in Opposition 22^h Mond 8° westl. von Saturn		12:37 22:54
2. Advent 8 So	17^h Mond 4°östlich von Saturn	EV 16:27	12:53 --
9 Mo	21^h Mond im aufsteigenden Knoten		13:07 00:16
10 Di			13:21 01:39
11 Mi	frühester Sonnenuntergang (16^h18^m)		13:37 03:04
12 Do	14^h Mond in Erdnähe (365.360 km)		13:56 04:31
13 Fr	18^h Mond 1° südlich von Alcyone		14:22 06:01
14 Sa	Geminiden-Meteorstrom im Maximum 18^h Mond 5° nördlich von Jupiter Längste Vollmondnacht des Jahres		14:59 07:30
3. Advent 15 So	Saturn beendet Oppositionsschleife	VM 10:02	15:50 08:49

Merkur – Venus – Mars – Jupiter – Saturn – Mond

	abends / nachts / morgens	Mondphase	Aufgang Untergang
16 Mo			16:57 09:51
17 Di	7h Mond 5° südwestl. von Pollux 18h Mond 4° südöstl. von Pollux		18:14 10:36
18 Mi	7h Mond 2° westlich von Mars 20h Mond 6° östlich von Mars		19:34 11:07
19 Do			20:51 11:29
20 Fr	7h Mond 2° nördlich von Regulus		22:05 11:45
Winteranfang 21 Sa	10h20m Wintersonnenwende, kürzester Tagbogen der Sonne		23:16 11:58
4. Advent 22 So		LV	23:18 -- 12:09
23 Mo	0h Mond im absteigenden Knoten		00:24 12:20
Heiligabend 24 Di	8h Mond in Erdferne (404.486 km)		01.32 12:32
Weihnachten 25 Mi	Merkur in gr. westl. Elongation (22,0°) 4h Mond 4° südöstl. von Spica		02:41 12:45
Weihnachten 26 Do			03:52 13:01
27 Fr			05:05 13:22
28 Sa			06:19 13:50
29 So			07:30 14:30
30 Mo		NM	23:27 08:32 15:25
Silvester 31 Di	Venus wechselt ins Sternbild Wassermann, spätester Sonnenaufgang (8h18m)		09:21 16:35

DEZ Sonne und Planeten

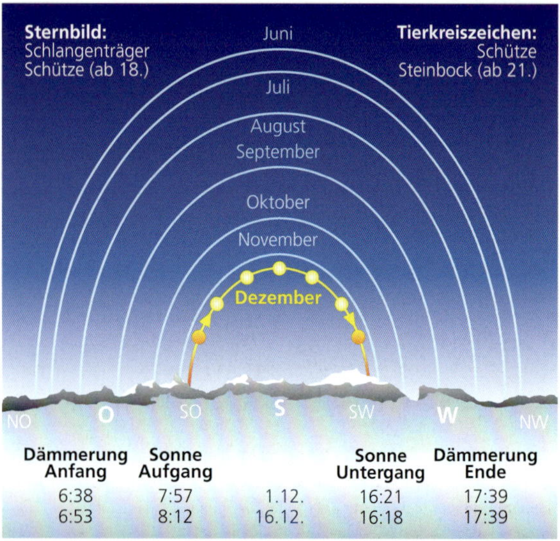

Die **SONNE** wandert durch das Sternbild Schlangenträger und erreicht am 18.12. den Schützen; am 21.12. wechselt sie in das Tierkreiszeichen Steinbock. Die Mittagshöhe nimmt von 18° auf 17° ab, die Länge des lichten Tages von 8:24 Stunden auf minimale 8:05 Stunden am 21.12.; danach wächst sie wieder bis auf 8:10 Stunden an.

MERKUR steht am 6.12. in Konjunktion und taucht zur größten westlichen Elongation am 25.12. für den Rest des Jahres am Morgenhimmel auf.

VENUS ist Blickfang am südwestlichen Abendhimmel.

MARS beginnt am 7.12. seine Oppositionsschleife und wandert anschließend rückläufig durch den Krebs.

JUPITER steht am 7.12. in Opposition und kann dann über mehr als eine Rotationsdauer beobachtet werden.

SATURN wird während der Abenddämmerung am Südhimmel sichtbar und geht zuletzt fast 2 Stunden vor Mitternacht unter.

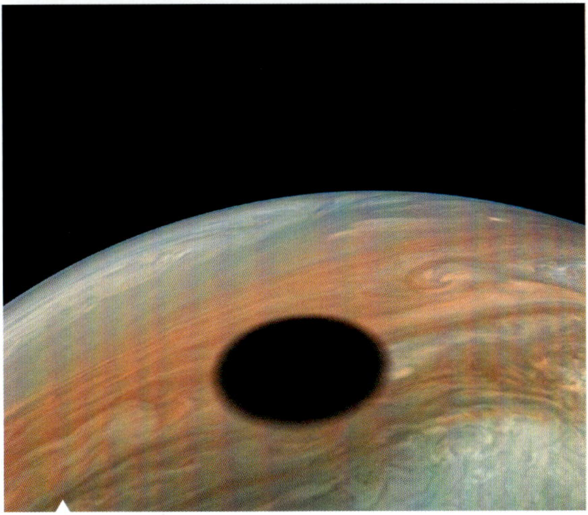

Die Raumsonde Juno (auch Jupiter Polar Orbiter genannt) erfasste den Schatten des Jupitermonds Io auf dem Planeten.

JUPITER IN OPPOSITION

Am 7.12. erreicht der Riesenplanet Jupiter im Sternbild Stier seine diesjährige Opposition und steht dann etwa auf halbem Wege zwischen Aldebaran, dem rötlichen Stierauge, und Elnath, dem oberen der beiden Stierhörner. Da Jupiter Anfang 2023 den sonnennächsten Punkt seiner Bahn passiert hat, kommt die Erde ihm dieses Mal noch vergleichsweise nahe (rund 612 Millionen Kilometer); im April 2029 bei der nächsten Aphel-Opposition werden es rund 54 Millionen Kilometer mehr sein.

SCHARFE SCHATTEN

Schon mit einem Fernglas kann man die Bewegung der vier großen Jupitermonde verfolgen und ein Amateur-Teleskop von mehr als 10 Zentimetern Öffnung zeigt, wie ihre Schatten in der „Neumondstellung" über die Atmosphäre des Planeten hinwegziehen; dabei sind gelegentlich auch zwei, ganz selten sogar drei Schatten gleichzeitig zu erkennen. Die amerikanische Raumsonde Juno, die den Jupiter seit 2016 umrundet, hat diese Mondschatten schon mehrfach aus der Nähe fotografiert. Weil die Sonne vom Jupiter aus gesehen deutlich kleiner erscheint als bei uns, sind die Mondschatten von einer wesentlich schmaleren Halbschattenzone umrahmt und wirken somit klarer begrenzt.

Sterne und Sternbilder

DER STERNHIMMEL IM DEZEMBER

Zur vertrauten Beobachtungszeit befinden sich die meisten Herbstfiguren nach der Meridian-Passage schon wieder auf dem Abstieg in Richtung Westhorizont; der zwar große, aber trotzdem unauffällige Wassermann ist schon teilweise untergegangen. Nur das kleine Dreieck, der Widder und der Kopf des Walfisches sind noch auf beziehungsweise vor der Nord-Süd-Linie zu finden.

ZWEI BENACHBARTE STERNHAUFEN

Hoch im Südosten wird Perseus seine Höchststellung in der nächsten Stunde erreichen. Seine an eine Wünschelrute erinnernde Skelettlinie enthält am rechten Griff den veränderlichen Stern Algol. Unweit der in Richtung Kassiopeia weisenden Spitze zeigen sich im Fernglas die beiden Sternhaufen h/χ Persei, die beide rund 7500 Lichtjahre entfernt sind, als verwaschene Nebelfleckchen. Von einem dunklen Standort aus sind sie mit bloßem Auge zu erahnen – der griechische Astronom Hipparchos jedenfalls hat sie vor mehr als 2000 Jahren als lichtschwache Sterne des Perseus beschrieben.

PLEJADEN UND HYADEN

Wesentlich näher sind uns die Plejaden im Stier, die man unterhalb von Perseus als eine Art Miniaturausgabe des Großen Wagens findet. Dieser auch als Siebengestirn bezeichnete Sternhaufen ist mit einem geschätzten Alter von rund 125 Millionen Jahren fast zehnmal so alt wie die beiden Haufen im Perseus. Als noch fünfmal älter werden die Hyaden eingestuft, die im Bereich des Stierkopfes zusammenstehen.

DER WINTER NAHT

Von dort geht der Blick weiter zu Orion, der jetzt im Südosten schon vollständig zu sehen ist, und zum Hasen, der sich zu seinen Füßen versteckt. Noch scheint ihm keine Gefahr zu drohen, denn Sirius und der Große Hund sind noch hinter dem Horizont verborgen. Das allerdings wird sich innerhalb der nächsten Stunde ändern, denn dann werden alle Wintersternbilder am Osthimmel versammelt sein.

Erst im Teleskop erscheinen h und χ Persei als prächtige Sternansammlungen.

EKLIPTIK
heißt die scheinbare Jahresbahn der Sonne, also der Weg, den die Sonne im Laufe eines Jahres durch die Sternbilder nimmt. Sie ist die „Hauptverkehrsstraße am Himmel", auf der sich Sonne, Mond und Planeten bewegen.

ELONGATION (GRÖSSTE)
nennt man den (größtmöglichen) östlichen oder westlichen Winkelabstand von Merkur oder Venus relativ zur Sonne.

FIXSTERNE
sind weit entfernte, leuchtende Gaskugeln ähnlich unserer Sonne (alle Sterne sind Sonnen und unsere Sonne ist ein Stern). Trotz ihres Namens bewegen sich die Sterne jedoch relativ zueinander mit Geschwindigkeiten von bis zu einigen Dutzend, in Ausnahmefällen auch mehreren 100 Kilometern pro Sekunde (!). In 100.000 Jahren wird der Himmel deswegen ziemlich anders aussehen als heute. Nur wegen ihrer sehr großen Entfernungen scheinen die Sterne für uns stillzustehen. Dies unterscheidet sie von den Wandelsternen, den *Planeten*, die nicht selbst leuchten, sondern das Sonnenlicht reflektieren.

HIMMELSPOL
heißen die beiden Himmelspunkte genau über den Polen der Erde. Unweit des nördlichen Himmelspols steht gegenwärtig der Polarstern, der daher von uns aus gesehen die Nordrichtung anzeigt; einen entsprechend hellen Stern nahe dem südlichen Himmelspol sucht man vergebens.

KONJUNKTION
bedeutet Zusammenkunft; ein Planet steht in Konjunktion mit der Sonne, wenn er am Himmel in der gleichen Richtung wie die Sonne steht. Bei Merkur und Venus unterscheidet man zwischen unterer (Planet zwischen Sonne und Erde) und oberer Konjunktion (Planet jenseits der Sonne).

KULMINATION
ist die höchste Stellung eines Gestirns während des täglichen Umlaufs. Sie wird stets auf der Nord-Süd-Linie erreicht.

LICHTJAHR
nennt man die Strecke, die das Licht mit seiner Geschwindigkeit von rund 300.000 km/s in einem Jahr zurücklegt; ein Lichtjahr entspricht einer Entfernung von 9,46 Billionen Kilometern. Während der Mond nur wenig mehr als eine Lichtsekunde entfernt ist und das Licht von der Sonne bis zu uns rund 8,3 Minuten braucht, beträgt die Entfernung zum nächsten Nachbarstern etwa 4,3 Lichtjahre. Unsere Galaxis hat einen Durchmesser von rund 100.000 Lichtjahren und die Andromeda-Galaxie, die nächste große Nachbarmilchstraße, ist mehr als 2,5 Millionen Lichtjahre entfernt.

MILCHSTRASSE
heißt das von der Erde aus sichtbare Band am Himmel. Es ist unsere Galaxis, ein riesiges, diskusförmiges System, zu dem auch unsere Sonne mit ihren Planeten gehört. Sie enthält mehr als 100 Milliarden Sterne, die sich um das galaktische Zentrum in rund 26.000 Lichtjahren Entfernung bewegen.

OPPOSITION
bedeutet Gegenschein. Ein Planet steht in Opposition zur Sonne, wenn er der Sonne am Himmel gegenübersteht und entsprechend bei Sonnenuntergang auf-, bei Sonnenaufgang dagegen untergeht. Weil der Planet dabei von der Erde auf der Innenbahn überholt wird, bewegt er sich in den Wochen vor und nach der Opposition vorübergehend rückläufig in einer *Oppositionsschleife*.

RECHTLAUFIG
heißt die normale, „richtige" Bewegungsrichtung von Sonne, Mond und Planeten entlang der Ekliptik von West nach Ost.

REKTASZENSION
heißt die Koordinate an der Himmelskugel, die der geografischen Länge entspricht.

RÜCKLÄUFIG
ist ein Planet während der Oppositionsschleife, wenn er sich von Ost nach West bewegt (Merkur und Venus sind um die untere Konjunktion rückläufig).

STERNBILDER
dienen nur dem Zurechtfinden am Himmel – sie geben keinen räumlichen Zusammenhang der enthaltenen, zum Teil sehr unterschiedlich weit von uns entfernten Sterne wieder. International gebräuchlich sind 88 Sternbilder, 48 davon sind von den Griechen des klassischen Altertums überliefert worden. Am Himmel über der Südhalbkugel der Erde gibt es dagegen zahlreiche neuzeitliche Sternbilder.

TIERKREISSTERNBILDER
nennt man diejenigen Sternbilder, durch die die Ekliptik verläuft.

TIERKREISZEICHEN
werden die zwölf Abschnitte gleicher Länge (jeweils 30°) genannt, die früher zur Unterteilung der Ekliptik genutzt wurden. Heute spielen sie nur noch in der Astrologie eine Rolle und heißen umgangssprachlich auch Sternzeichen.

ZENIT
heißt der Punkt genau senkrecht über dem Beobachter. Seine Gegenrichtung (Fußpunkt) wird Nadir genannt.

ZIRKUMPOLAR
ist ein Stern oder Sternbild, das bei seinem täglichen Umlauf nicht untergeht, sondern zwischen Himmelspol und Horizont „hindurchschlüpft" und entsprechend im gesamten Jahr zu beobachten ist.

Große Planetarien

BERLIN Planetarium der Wilhelm-Foerster-Sternwarte, Munsterdamm 90, *www.planetarium.berlin*
BERLIN Zeiss-Großplanetarium, Prenzlauer Allee 80, *www.planetarium.berlin*
BOCHUM Castroper Str. 67, *www.planetarium-bochum.de*
HAMBURG Hindenburgstr. 1b, *www.planetarium-hamburg.de*
JENA Am Planetarium 5, *www.planetarium-jena.de*
LUZERN Lidostr. 5, *www.verkehrshaus.ch*
MANNHEIM W.-Varnholt-Allee 1, *www.planetarium-mannheim.de*
MÜNSTER Sentruper Str. 285, *www.planetarium-muenster.de*
NÜRNBERG Am Plärrer 41, *www.planetarium-nuernberg.de*
STUTTGART Willy-Brandt-Str. 25, *www.planetarium-stuttgart.de*
WIEN Oswald-Thomas-Platz 1, *www.planetarium-wien.at*

Zum Lesen, Drehen & Klicken

BÜCHER AUS DEM KOSMOS-VERLAG:

Celnik, W. E.; Hahn, H.-M.: Astronomie für Einsteiger
Schritt für Schritt zur erfolgreichen Himmelsbeobachtung
Hahn, H.-M.: Basic Sternbilder
Das Pocketbüchlein zur Sternbildbestimmung für unterwegs
Herrmann, J.: Welcher Stern ist das?
Der große Sternführer mit Sternkarten für jede Himmelsrichtung
Keller, H.-U.: Kosmos Himmelsjahr
Das Jahrbuch mit umfangreichen Infos für Hobby-Astronomen
Seip, S.: Astrofotografie ganz einfach
Der Fotokurs für Einsteiger mit Geling-Garantie

STERNKARTEN AUS DEM KOSMOS-VERLAG:

Hahn, H.-M.; Weiland, G.: Sternkarte für Einsteiger
Die Sternbilder sicher erkennen
Hahn, H.-M.; Weiland, G.: Drehbare Kosmos-Sternkarte
Wetterfeste Kunststoffkarte mit vielen Funktionen
Hahn, H.-M.: Drehbare Kosmos-Sternkarte XL
Für den Nord- und Südsternhimmel – 34 cm Durchmesser

INTERNETLINKS:

facebook.com/kosmos.astronomie: Himmelsereignisse und News
www.astronomie.de und *www.astrotreff.de*: Astro-Portale mit Diskussionsforen in Deutschland
www.kosmos-himmelsjahr.de: Viele aktuelle Beobachtungstipps
www.sternfreunde.de: Willkommen bei der deutschlandweiten Vereinigung der Sternfreunde (VdS)

BILDNACHWEIS

Mit 12 Farbfotos von:
Mario Weigand, www.skytrip.de (3): Seiten 5, 15, 37; Stefan Seip, www.photomeeting.de (3): Seiten 11, 77, 91; Martin Gertz, Sternwarte Welzheim/Planetarium Stuttgart (1): Seite 13; Johann Elert Bode: Uranographia (1801) (1): Seite 49; Dr. Stefan Binnewies, Josef Pöpsel, Frank Sackenheim/Capella Observatory, www.capella-observatory.com (1): Seite 61; NASA/JPL (1): Seite 65; NASA, ESA, A. Simon (Goddard Space Flight Center), and M. H. Wong (University of California, Berkeley) and the OPAL team (1): Seite 71; NASA/JPL-Caltech/SwRI/MSSS/Kevin M. Gill (1): Seite 89.

Mit 53 Illustrationen von:
Gunther Schulz, Fußgönheim (2): Seiten 2/3, 12; Gerhard Weiland, Köln (51): Seiten 4, 6, 8, 10, 16, 17, 19, 20/21, 22, 23, 24, 26/27, 28, 29, 30, 32/33, 34, 35, 36, 38/39, 40, 41, 42, 44/45, 46, 47, 48, 50/51, 52, 53, 54, 56/57, 58, 59, 60, 62/63, 64, 66, 68/69, 70, 72, 74/75, 76, 78, 80/81, 82, 83, 84, 86/87, 88, 90.

IMPRESSUM

Umschlaggestaltung von Claudia Adam unter Verwendung einer Illustration von Gunther Schulz.

Mit 12 Farbfotos und 53 Farbzeichnungen

Unser gesamtes Programm finden Sie unter **kosmos.de**.
Über Neuigkeiten informieren Sie regelmäßig unsere Newsletter, einfach anmelden unter **kosmos.de/newsletter**.

Gedruckt auf chlorfrei gebleichtem Papier

FSC
www.fsc.org
MIX
Papier | Fördert gute Waldnutzung
FSC® C014889

ISBN: 978-3-440-17685-6
Projektleitung: Sven Melchert
Redaktion: Susanne Richter
Gestaltungskonzept: Walter Typografie & Grafik GmbH
Gestaltung und Satz: typopoint GbR, Ostfildern
Produktion: Ralf Paucke
Druck und Bindung: Friedrich Pustet GmbH & Co. KG, Regensburg
Printed in Germany/Imprimé en Allemagne

Mehr entdecken, mehr verstehen

DAS KOSMOS VERSPRECHEN

Expertenwissen seit 1822

Welches Thema dich auch begeistert – auf unsere Expertise kannst du dich verlassen. Und das schon seit über 200 Jahren.

Unser Anspruch ist es, dich mit wertvollem Rat zu begleiten, dich zu inspirieren und deinen Horizont zu erweitern.

BEGEISTERUNG DURCH KOMPETENZ

Unsere Autorinnen und Autoren vereinen professionelles Know-how mit großer Leidenschaft für ihre Themen.

WISSEN, DAS DICH WEITERBRINGT

Leicht verständlich, lebensnah und informativ für dich auf den Punkt gebracht.

SACHVERSTAND, DEN MAN SEHEN KANN

Mit aussagestarken Fotos, Zeichnungen und Grafiken werden Inhalte besonders anschaulich aufbereitet.

QUALITÄT FÜR HEUTE UND MORGEN

Dafür sorgen langlebige Verarbeitung und ressourcenschonende Produktion.